영양과 운동

그리고 휴양

내일을여는지식 과학기술5

영양과 운동 그리고 휴양

안정엽 옮김

한국학술정보(주)

역자 후기

　벌써 오래 전이다. 8년 전으로 거슬러 올라간다. 이 책이 체육과 학부교재로 선정되었던 적이 있다. 운동, 운동처방, 기능성식품, 영양 등에 관련하여 집대성 되어 있으며 앞으로의 QOL을 논하기에 충분한 실험적 data를 포함하고 있기 때문이었다. 그러나 교재로 사용하기엔 너무 많은 선수 과목으로 즉 생화학, 영양학, 면역학, 영양역학, 실험동물학, 식품학 등이 선행되어야 하는 등 여러 학문 분야를 종합하여 구성되고 있어 어느 한 학과에서 일반 교재로 사용하기엔 어려움이 호소되었다. 이 책의 내용은 이와 같이 여러학문의 연구결과를 모아 각 부분별 내용을 실험적 data를 바탕으로 설명하고 있다. 현재 우리나라에서 일컬어지는 "기능의학"과 관련한 서적으로서 이해하는 데에 손색이 없을 것으로 사료된다.

　아울러 현재에도 많은 연구 분야에서 창의적이며 내용이 충실한 연구결과에 바탕을 둔 서적이 많지만 본 역서도 연구 현장에서 실험적 방법과 이론의 개진에 많은 논문들과 더불어 좋은 자료로써 활용되기를 진심으로 바라는 마음이다. 항상 다학연계 체계의 새로운 장이 활발하게 진행되었으면 하는 역자의 마음을 담아 본다.

이 책을 한글로 출판하게 허락해 주신 일본 영양, 식량학회에 감사드리며 그동안 초고에서 부끄러울 정도로 구성에 미진한 면이 있었으나 최소한 읽는 데에 어려움이 없도록 수정할 기회를 주신 한국학술정보(주) 사장님께도 심심한 감사를 표하는 바이다.

2009년 10월
안정엽

차 례

5. 운동과 건강(1)

—인간과 운동—

6. 운동과 건강(2)

—운동을 지탱하는 영양—

7. 휴양과 건강

—스트레스의 과학—

1

영양과 운동 그리고 휴양

Ⅰ. 머리말

건강하게 인생을 보내는 것은 인류 공통의 바람이지만, 21세기를 맞은 현재 더욱더 사람의 관심을 모으고 있다. 우리 생명에 최대의 위협을 안겨 주는 질병이 극복되지 않은 탓일까? 생활환경의 변화를 동반한 새로운 건강 장해가 나타나는 등 건강을 둘러싼 문제는 더욱 곤란하고 복잡한 양상을 보이고 있다. 이것을 극복하기 위한 노력으로는 병의 원인이 되는 외적 제요인의 조절, 즉 병원체, 독성물질 등을 제거하거나 생활환경을 개선하는 것이고 이들 요인에 노출되는 기회를 적게 하는 등이 가장 직접적인 대책이다.

그러나 우리 생활환경은 문명의 비약적인 발전을 따라가지 못하고 안에서 제한받는 것처럼 보인다. 보다 효과를 가진 약이 개발되면, 보다 강한 내성균이 나타난다. 면역력을 보충하려는 수단이 개발되면, 그 면역기전을 공격하는 바이러스가 출현한다. 선택에 고심

할 정도의 다양한 건강식품이 시장에 나타나는 한편, 지구 전체의 환경을 변화시키는 문명의 이기인 에어컨, 전기냉장고 등등이 상상하지도 못한 물질들을 방출하고 있다.

이러한 환경변화에 대한 대책으로써 인간에게 가져온 변화에 눈을 돌릴 필요가 있다는 생각이 동양의 전통의학에 오래전부터 전해오고 있다. 포식과 자동차를 선두로 하는 소모하는 문명의 진전, 냉난방의 발달 등이 신체의 조절 기구에 일방적인 변화를 가져왔으며 장기적으로는 생리 기전에 적응력 변화를 가져왔고 그것이 질병이나 환경에 "적응하지 못하는, 즉 약한" 몸을 만드는 결과를 초래한다는 것이다. 따라서 이들에 대항할 수 있는 적절한 외적 자극을 계속해 줌으로써 새로운 적응력을 몸에 가지게 하여 "병에 걸리지 않는" 몸을 만드는 것, 이것이 건강 증진, 즉 건강을 지키고 만들어가는 개념의 기본이 된다. 특히 산업 선진국에서 건강 수준의 질저하와 의료비 부담의 증가를 불러온 질병(군)인 일련의 만성질환을 극복하기 위한 것과 더불어 우리 몸을 개선하기 위한 문제를 우선적으로 생각하여야 한다.

이들 질환의 발생은 유전적 요인이 크게 관여하고 있지만 생애에 걸친 생활습관의 영향이 크기 때문에 현실적으로 가능한 예방 대책으로는 생활습관의 개선이 절대적으로 필요하다. 최근 일본에서 후생성이 이들 질병을 "생활습관병"이라고 제창한 것은 이러한 이유 때문이다. 이 생활습관병에 대한 대책의 3가지 지주가 되는 것이 운동, 영양 그리고 휴양이다.

Ⅱ. 건강증진 대책의 배경

그림 1.1은 1997년의 일본 후생 백서에 기록된 국민 건강을 둘러싼 중요한 과제들을 열거하고 있다. HIV를 비롯한 새로운 감염증이나 병원성 대장균 O-157을 대표로 하는 반복되는 감염증이 보건행정에 미친 영향은 비교적 크다 하겠다. 한편, 생활 습관병의 증가로써 대표적인 예로 들 수 있는 인슐린 비의존성 당뇨병자는 690만, 또 그 예비군으로서 내당능(耐糖能) 이상군까지 포함하면 1,300만여 명이라는 보고[2]가 그 중요성을 직감시키고도 남음이 있다. 이에 더하여 고령화와 생활의 질을 높게 유지하려는 필요성이 더욱 이러한 문제의 심각성을 부각시키고 있다. 이들과 관련한 정책의 문제는 그림 1.1의 우측에 열거한 내용 중 특히 "병이 없는 건강한 몸 만들기" 즉 건강 만들기는 다른 문제들과도 연관성을 갖는 기본 정책이라고 말할 수 있겠다.

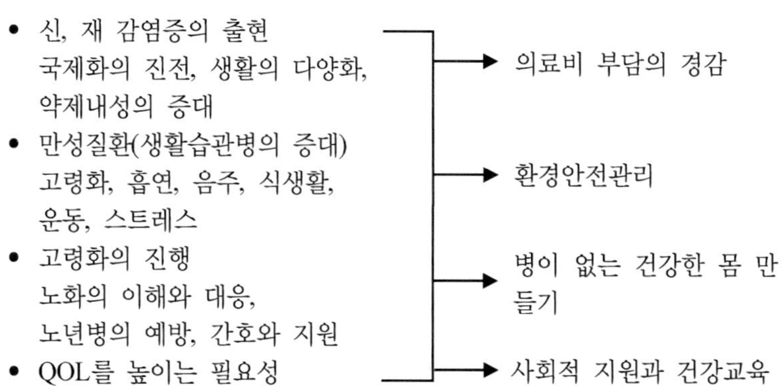

그림 1.1 건강을 둘러싼 최근의 과제[후생백서, 1997]

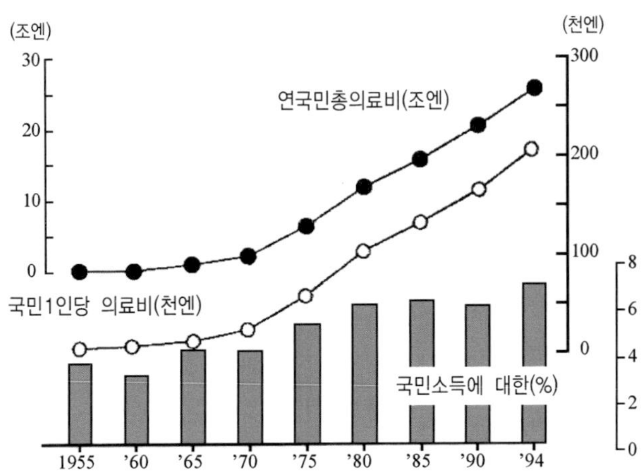

그림 1.2 국민의료비의 추이[후생성: 국민의료비]

경제적 곤란에 직면한 나라에서 고령 사회와 의료의 고도화는 필연적으로 동반되는 거대한 의료비 부담이 문제시 되고 있다. 그림 1.2에 국민 총의료비, 국민 1인당 또는 국민 소득비로 나타낸 의료비의 연차 추이를 보여주고 있지만 이러한 의료비의 억제 정책에 의존하기보다 국민 개개인의 건강 만들기 노력에 의해 활동적인 노후를 보내는 것이 이상적이라 하겠다.

그림 1.3은 생활습관병이라 불리는 일련의 질환과 그 발병의 기본적인 배경을 나타낸다. 질병은 운동 부족, 부적절한 영양과 수면·휴양 이외에도 흡연, 과도한 음주 등의 좋지 않은 생활습관이 개인의 유전적 소인과 함께 생활환경에 더하여 발병으로 이르게 하고 있다. 또 이러한 질병을 구성하는 것은 종래 성인병으로 분류하던 질병을 모두 포함하며, 대장암을 포함한 최근 증가하고 있는 식사 관련 음주, 흡연 관련의 암, 또는 흡연을 원인으로 하는 만성기관지염, 폐기종, 더불어 치주병(齒周病)이 포함된다.

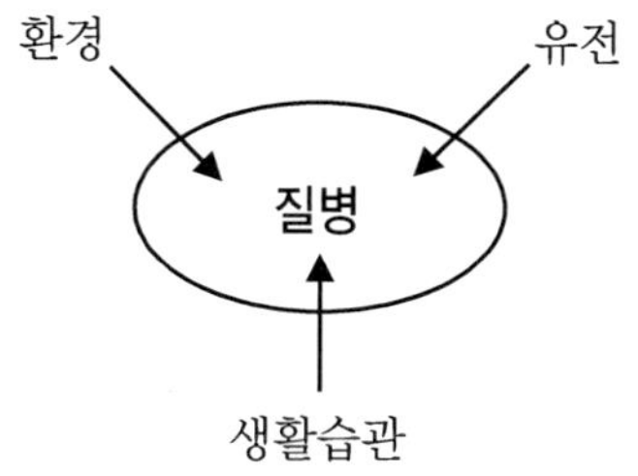

그림 1.3 생활습관병

　이들 질병이 국민 건강상 큰 문제의 하나로 되고 있는 것은 이것이 장기간에 걸쳐 만성의 잠재적인 병변을 신체에 가져오며 그 병변은 조직의 난치병을 동반하는 것으로 발병한 이후는 회복이 비교적 어려운 상태로 진전되는 특징을 가지고 있기 때문이다. 그 양상은 그림 1.4에 나타내고 있다. 이러한 질병군이 개개인의 질병 구조의 중심을 이루고 있는 현대 사회에서는 건강한 사람과 병든 사람과의 사이에 잠재적으로 그 위험성을 가진 반건강인 또는 반병인이 있다. 이는 질병의 연속적인 과정에 있으면서 자각하지 못하고 부적절한 생활습관을 계속하여 이윽고 병으로 나타나고 그 시점은 이미 세포나 조직이 되돌릴 수 없는 병이 깊어지는 상태로 되어, 최종적으로 죽음을 맞이하게 되는 것을 말한다. 많은 사람들이 병이 표면화되는 단계에서 고도의 수술기법 등 고가의 치료나 장기적인 요양 등의 대책이 준비되어 있지 않기 때문에 거대한 의료비를 부담하게 된다.

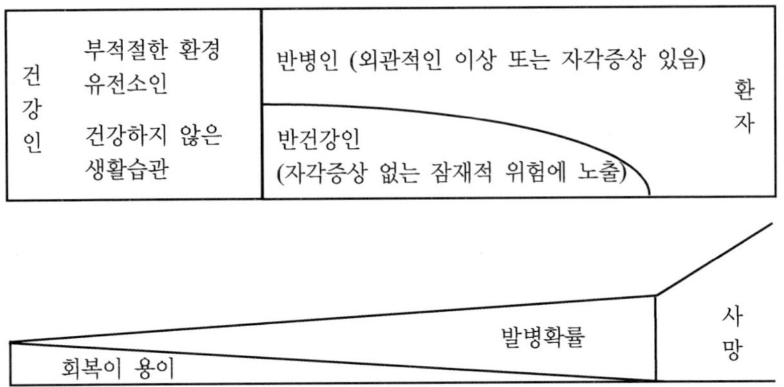

그림 1.4 건강과 질병의 구조

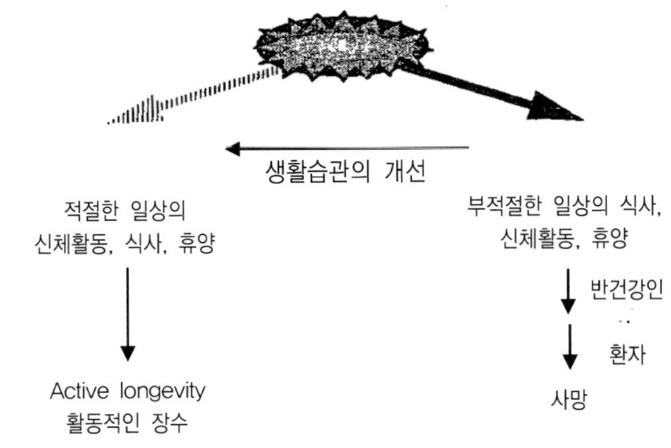

그림 1.5 생활습관병의 예방 전략

따라서 이미 강조한 바와 같이 이 대책은 예방 즉, 조기발견 · 조기치료인 2차 예방에 힘을 기울이는 한편, 가능한 한 신체에 잠재적 위험의 징후가 나타나기 이전에 그 발생을 방지하는 1차 예방이 우리들이 할 수 있는 최우선의 선택이라 할 수 있겠다. 이 예방 전략을 알기 쉬운 형식으로 그림 1.5에 나타내었다. 즉 부적절한 일상

식사, 신체활동, 휴양의 상황, 흡연, 음주 등의 생활습관을 개선하고 적절한 생활습관을 계속하는 것에 의해 활동적으로 장수할 수 있고 또 잠재적인 위험성을 빨리 찾아서 생활습관을 개선하는 것에 의해 반건강 상태를 벗어나, 환자로의 발전을 미연에 방지하는 것이다.

Ⅲ. 건강증진 정책의 역사적 흐름

일본의 보건 행정이 이러한 전략을 어떠한 구체적 시책으로 시행하였는가 고찰한다. 개요는 표 1.1에 정리하였다.

제2차 대전 전부터 일본의 후생성은 여러 가지로 국민의 보건 시책을 실시하였지만 그 대부분은 당시의 주요한 문제였던 감염증 예방에 중점을 두었다. 영양과 운동에 대해서는 국민병이라고도 불리운 비타민 B_1 결핍증인 각기병의 예방책으로서 강화식품 개발 보급을 중심으로 한 영양부족 대책, 국민체육 정책으로 대표되는 체력만들기 대책 등의 국력 강화를 위한 의도적인 시책이 주를 이루고 있다. 이들 중 오늘의 건강 만들기의 영양시책의 흐름에 이어지는 것은 그 유효성과 더불어 일본이 세계에 자랑으로 여기는 학교 급식 제도의 발족·보급이라고 생각된다. 이런 흐름은 효율적인 식량 급식의 필요성의 배경에 더해 국민 영양 기준량의 책정이다. 이것이 발전하여 오늘날의 영양소요량에 이어지고 있으며, 전쟁 후 영양 정책의 기본 방침과 유효성을 반영하기 위한 국민 영양조사가 시작되고 영양 개선법이 법제화되는 것을 계기로 국가 차원에서의 정책으로서 영양 행정이 발전을 거듭해 왔다.

20

▼ 표 1.1 일본의 행정정책에 있어서 영양, 운동, 휴양

1932	국가조성에 의한 학교급식 제도 발족
1941	일본인의 영양요구량 기준작성(<u>영양소요량</u>)
1946	<u>국민 영양조사</u> 개시
1952	영양개선법 제정
1978	제1차 국민 건강 만들기 대책
1985	건강 만들기를 위한 <u>식생활 지침</u> 발표
1988	Active 80 Health Plan.
1989	건강 만들기를 위한 <u>운동 소요량</u> 발표
1990	건강 만들기를 위한 <u>식생활 지침</u>(대상별)
1993	건강 만들기를 위한 <u>운동 지침</u> 발표.
1994	건강 만들기를 위한 <u>휴양 지침</u> 발표.
1996	생활습관병 제기.

전쟁 후의 영양 행정에 있어 최대의 전환을 가져온 것은 고도 경제성장이 가져온 국민 질병구조의 근대화, 즉 구미 선진국형에 유사한 "성인병 시대"가 도래한 것일 것이다. 1970년대 후반, 종래의 보건전략의 전환을 상징으로 하는 국민 건강 만들기 대책이 구체적으로 된 것은 현대형 건강 만들기 행정의 제1보라 할 수 있다.

이 특징은 지금까지의 질병예방 시책과 달리 개인이 주체적인 자신의 생활습관을 적절히 선택하도록 정보를 제공하고 그에 따른 행동 변화를 효과적으로 지원하는 등의 새로운 접근이 시도되었다. 이런 방향의 구체화로 식생활 지침이 정해지게 되었다. 1988년에는 제2차 국민 건강 만들기 정책으로서 "Active 80 Health Plan"이 정해지고, 본격적으로 운동 그리고 휴양을 포함한 포괄적인 건강 만들기 시책으로 전개해 가고 있다. 이 안에는 흡연, 음주문제 등도 강조되고 있으며 1996년 공중위생 심의회의에 의견 제기의 형태로 "생활

습관병"의 개념 형성에 연결을 가져왔다.

Ⅳ. 건강증진 대책으로서 영양, 운동, 휴양의 과학적 전개

일 본 국민의 건강 만들기는 그 의료기술이나 의료제도의 발전, 국민 보험의 성과 등에 있어, 뇌졸중을 중심으로 하는 "발전도상형" 성인병의 사망률이 크게 감소하고, 심장병이나 암의 증가 추이를 둔화시키는 형태로 세계에서 높게 평가되었지만 그의 과학적 증거를 제시하는 면에서는 반듯이 세계를 앞장서는 위치에 있다고 할 수 없었다. 처음 실시에 있어서는 분위기로 앞선 건강 만들기였다는 것을 반성하고, 이후 과학적 자료에 의한 평가로 시책이 효과적으로 실시되기에 이르렀다. 이후에는 현재 이용 가능한 소수의 자료들로부터 몇 개의 대표적인 예를 제시하고자 한다.

▼ 표 1.2 일본인의 1일(평일) 평균 생활시간

(1995, NHK 생활시간 조사)

	국민 전체	남자 30대	여자 30대
수면	7:27	7:12	7:06
안정, 휴식	0:38	0:28	0:30
스포츠	0:07	0:05	0:04
오락 취미	0:45	0:35	0:34
TV, 라디오, 독서	4:41	3:51	4:21
노동(근로) · 활동	9:17	10:47	7:17

표 1.2에 최근 일본인의 생활습관이 실제 어떤 형태를 나타내고 있는지에 대해 알려줄 수 있는 NHK의 국민생활 시간조사의 결과를 제시한 것이다.[3] 각각의 평균시간: 분으로 표시하고 있지만, 최근 10년간 나타난 큰 변화는 수면 시간의 단축, 스포츠를 즐기는 시간은 약간의 증가, TV 등의 오락 시간이 크게 늘어나는 것을 볼 수 있다. 특히 이 표에서 특징적인 것은 일과 신체활동을 동반하지 않은 실내 오락이 지배하는 생활 패턴이다. 이러한 생활 습관으로부터 문제점들이 잠재해 있는 것이다. 다음으로 국민의 신체활동의 상황은 어떠한가? 신체활동 상황을 검토할 수 있는 방법은 연구되어 있지 않고 객관적인 집단 평가법으로 사용할 기준은 설정되어 있지 않으나 차선책으로 국민 영양조사 대상자에 대해 도보계를 지참하게 하여 조사한 자료를 반영하고 있다. 현대 사회의 생활은 근육노동이 적고 일상의 신체활동의 대부분이 보행으로 이루어지고 있으므로 도보계 지참은 합리적인 방법으로 사료되고 있다.

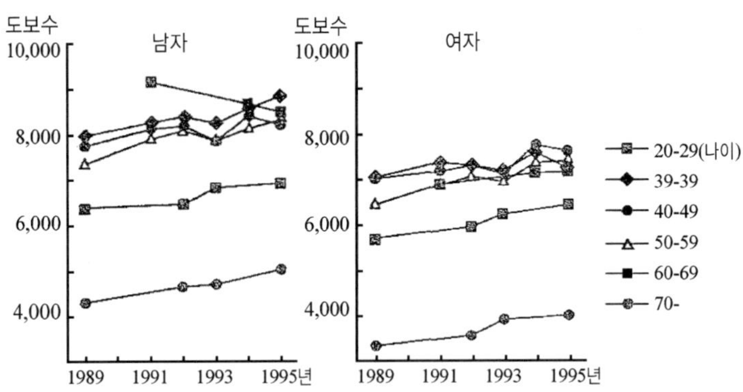

그림 1.6 1일 도보수의 연차 추이 [후생성: 국민영양조사]

최근 6년간 국민의 1일당 도보수를 성별, 연령 계층별로 나타내어 그림 1.6에 제시하였다. 이 그림에 의하면, 어떤 계층에서도 도보수가 약간 증가 추세를 보이고 있으나 남성 성인 20대에서는 감소 추이를 보이는 것을 특징으로 들 수 있다. 이러한 신체활동 패턴을 나타내는 데에 관련한 행동 실태와 그 배경에 대한 연구가 수행되어야 하겠다. 이러한 점들을 고려하여 강조할 것은 일반적으로 건강 만들기의 자료는 연령/성/계층별로 그 특성을 나타내어야 한다. 더불어 유용한 정책으로 평가되기 위해서는 개개인의 생리적 특성을 포함해야 하는 어려움을 고려해야 한다.

지금까지 집단평가 시대에서 생활습관병 시대에 적절한 개별평가로 발전하기 위해 1995년도 국민 영양조사에서는 음식섭취 상황조사의 새로운 방법론이 도입되었다. 이 방법은 섭취한 메뉴를 눈대중으로 배분한 양을 기준으로 각 개인의 섭취량으로 환산하는 것으로 상세한 방법에 대해서는 원문 5)에 기록하고 있다. 이 결과를 바탕으로 지금까지 개별적인 연구로 단편적으로 기록되었던 성별, 연령 계급별 섭취 상황이 처음으로 전국 규모로 자료화되고 오랜 숙원이었던 일본인의 영양섭취 상황이 단순 평균이 아닌 청장년, 고령자, 여성 등 각 그룹의 문제점이 조정 보완되었다.

1996년도의 결과로부터 특히 생활습관병에 관여하는 지방과 식염의 섭취 상황을 그림 1.7 및 1.8에 제시하였다. 지방에 대하여는 이전부터 예상되었던 성인 중 젊은 세대일수록 섭취 정도가 높고 고령화에 따라 낮아지는 경향을 보였다.

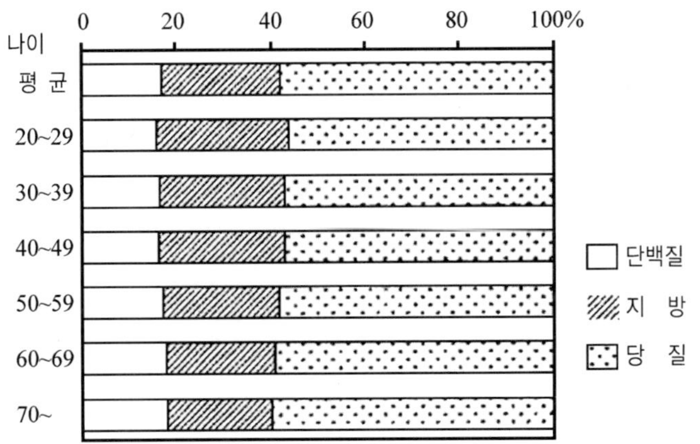

그림1.7 연령별 에너지의 영양소별 섭취 구성비
[후생성: 국민 영양조사 결과 1996년]

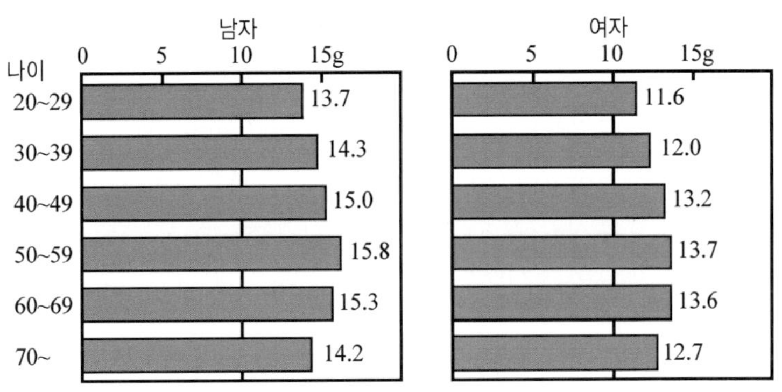

그림 1.8 연령별(≧20)로 본 식염 섭취량
[후생성: 국민 영양조사 결과 1996년]

지금까지는 성인 전체의 평균으로서 상한선인 25%의 섭취 에너지 비율을 약간 넘는 정도라고 하는 정보밖에 얻어지고 있지 않았지만 계층별로는 20대에서 28%에 달하고 있는 것에 반하여, 70대에서는 21% 정도였다. 지방 섭취를 줄이라는 교육이 필요한 대상은 젊은 세대인 것이 명확하게 되었다.

지방에 비하여 식염의 섭취는 예상외의 결과로서 남녀 모두 50대가 가장 많았고, 젊은 세대와 고령자에 있어서는 작은 산 모양의 형태를 보였다. 50~60대에서는 더욱더 건강 의식이 높은 세대라고 생각되었기 때문에 이 결과는 선뜻 모순되는 것처럼 보이나 이 세대가 건강 의식의 하나의 배경으로서 일본의 전통적 식생활을 비교적 강하게 지향하고 있는 가능성을 생각한다면 설명이 가능할 것이다. 이 결과에 대해 고혈압이 현저하게 높은 비율을 나타내는 60~70대에서는 의식적인 감염 행동이 진행되고 있는 것이다.

V. 포괄적 건강 만들기 시책과 건강증진 과학의 새로운 전개

이상에서 서술한 일본의 영양 · 운동 · 휴양을 선두로 건강 만들기 정책의 구체적 목표는 어떤 것일까를 그림 1.9에 정리하여 소개한다. 영양에 대해서는 기본적으로 각 영양소의 밸런스를 취하는 섭취, 신체 활동 상황에 맞는 에너지의 섭취, 생활습관병의 2대 위험인자라고 일컬어지는 식염과 지방의 과잉 섭취의 방지, 국민 전반에 부족하고 있는 칼슘과 철을 충분히 섭취하도록 하는 것이다. 운동은 유산소 운동을 특히 추천하지만 강도가 지나치지 않도록, 걷는 운동을 중심으로 하는 비교적 장시간, 매일 실천할 수 있는 습관을 가질 수 있도록 추천하고 있다. 휴양은 적극적 휴양과 소극적 휴양(휴식)으로 적절하게 구분하고 특히 레크리에이션의 중요성을 강조하게 되었고, 더불어 절주 · 금연 · 치아 관리 · 사회와의 적절한 관계를 유지하는 방법 등을 내용으로 구성하고 있다.

생활습관병 예방을 위해 식생활 대책은 기본적으로 개개인의 적절한 식품의 선택을 촉진하기 위한 메시지의 발신이 중요한 요소로 된다. 일본에서는 1985년의 "건강 만들기를 위한 식생활 지침"이 그 목적으로 책정되었던 대표적인 것이지만 1990년에는 계속해서 대상의 성별 지침이 발표되었다. 이들 중 성인병 예방에 관한 내용을 표 3.1에 표시하고 이것은 1985년 중반의 지침을 기초로 새로운 생활습관병이라고 생각된 결장암과 폐암, 이와 더불어 고령화 시대에 대응한 골다공증의 예방 등에도 목적을 두었다.

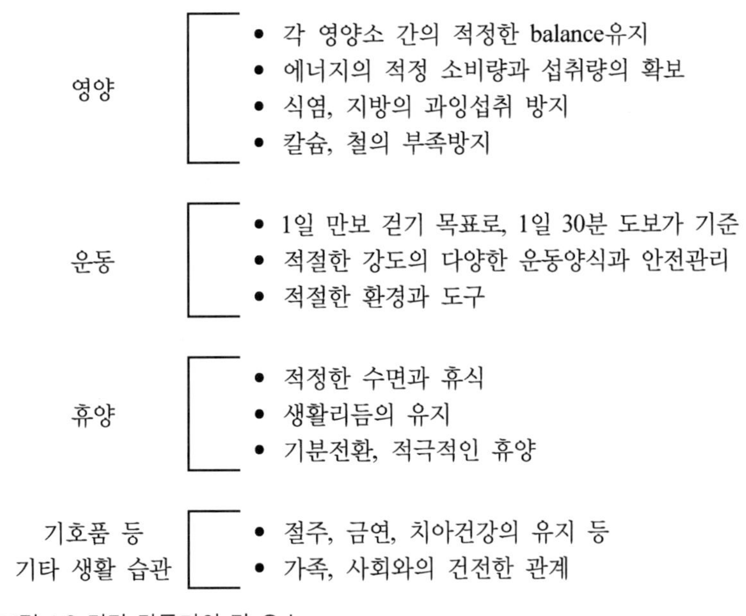

그림 1.9 건강 만들기의 각 요소

▼ 표 1.3 성인병 예방을 위한 식생활 지침(후생성)

---

1. 식품 섭취를 골고루 하여 성인병을 예방
2. 일상생활은 식사와 운동의 밸런스 조절
3. 소금섭취줄여 고혈압과 위암을 예방
4. 지방을 줄여 심장병 예방
5. 생야채 등 녹황색 채소로 암 예방
6. 식이섬유로 변비, 대장암을 예방
7. 칼슘을 충분히 섭취하여 건강한 뼈 만들기
8. 단 식품은 적절하게 섭취
9. 금연, 금주로 건강하게 장수

국제적으로는 FAO/WHO가 1992년에 개최한 로마 국제 영양회의의 행동 계획에 바탕을 두고 FBDG (Food－based dietary guide-line)[7]을 책정 추진을 권고하고 있다. 이것은 식사지침을 일반에게도 알기 쉽게 식품명으로 제시하는 것과 동시에 그 지역의 전통적 식생활에 기반을 두고 경제적으로도 사람들을 이해시킬 수 있는 싸고 기호도를 높이려는 지침을 세웠다. 미국에서도 최근 자주 사용되고 있는 "식품 가이드 피라밋"은 아시아 각국에서도 유사한 시도를 불러일으켜 각 나라 특유의 피라밋 개발이 진행되고 있어 그 전형적인 실천의 예라 할 수 있다.

FAO/WHO의 이 지침에 주목할 만한 점의 하나는 식사가 영양상의 질적 지표로서 "영양소 밀도", 즉 섭취하는 음식물 중의 열량당 필수 영양소 함량을 제시하는 것이다. 이것은 고열량인 단백질, 비타민, 미네랄 등의 함량이 적은 식품에 치우칠 수 밖에 없는 발전도상국의 사람들이나 도시 빈곤층의 사람들은 먹을 것이 적을 수 밖에 없는 특징을 가지고 있고 세계적으로 급속히 증가하고 있는 노인층을 시야에 두고 그 양상을 구체적으로 그림이 1.10에 표시하였다. 세로 축의 에너지 섭취량에 상당하는 영양소 섭취량이 각각 소요량을 만족하는 식사의 형태가 바람직하지만 질이 나쁜 식사는 같은 에너지 섭취량에도 섭취 영양소량이 낮고 식사량을 증가시키지 않으면 충분한 영양소의 충족이 얻어지지 않기 때문에 영양소 부족이나 비만이라고 하는 선택에 놓이는 결과를 낳는다. 음식이 적고 에너지 섭취량이 낮은 경우에도 마찬가지로 영양소 부족을 가져오고 영양소 밀도가 높은, 질이 좋은 식사를 하면 이것을 방지할 수 있다.

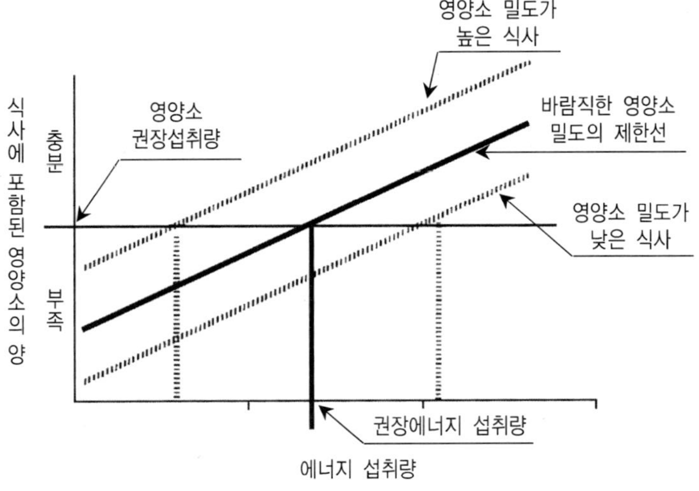

그림 1.10 영양소 밀도와 식사의 "질"

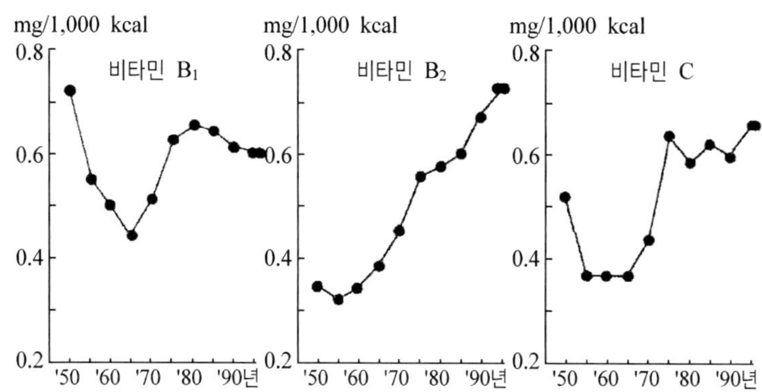

그림 1.11 비타민 B1. B2, C의 영양소 밀도의 연차추이
[후생성: 국민영양조사 결과로부터 산출]

이러한 시점으로부터 일본인 평균 식사의 영양소 밀도를 국민 영양조사를 실시하여 얻은 결과, 연차 추이를 보면 그림 1.11과 같다. 3종의 비타민에 대해서는 거의 양호한 상태에 있으며 이 전에는 부족했던 비타민 B_2에 대해서도 매년 개선되고 있으며 현재는 만족할 만한 상태에 달해 있다. 운동에 대해서도 일본에서는 1989년에 "건강 만들기를 위한 운동 소요량"이 후생성에서 발표되고[8] 구미에서 당시 자주 인용되었던 양식, 즉 관상동맥 질환 예방을 고려한 유산소 운동을 중심으로 한 지침이 제시되었으나 그 후 고령사회의 진전에 따라 안전성을 중시한 운동지침(1993)[9]의 방향으로 전환되었다(표 1.4). 이 과정에서는 일시적 운동이 건강에 오히려 유해하지 않을까 하는 일부 전문가의 지적이 있었고 현장 실습 지도자 등 사이에는 약간의 혼란을 불러일으켰던 시기였다. 특히 고령자들은 과격한 운동이 체내에 활성 산소를 과잉 발생시킬 우려가 있어 대상자에 따라 적당한 운동을 조절하여 그 유효성을 재확인하였다. Peffenberger 등의 종단적(縱斷的) 관찰 결과[10]에서도 최종적 건강

지표인 수명에 운동이 기여하고 있다는 증거가 제시되고 있다(그림 1.12).

▼ 표 1.4 후생성의 운동 가이드

운동소요량(1989)	운동지침(1993)
1회의 운동지속시간: 10분 이상 1일의 합계시간: 20분 이상 강도: 강도 있게 한다고 하여 반드시 좋은 것은 아니다. 힘에 겨운 운동은 오히려 건강을 해치기도 한다.	1일 30분을 목표로 걷는 것부터 시작하자 숨이 가빠올 정도의 속도로 신체조건에 맞게 계획 즐겁게 지속할 수 있도록

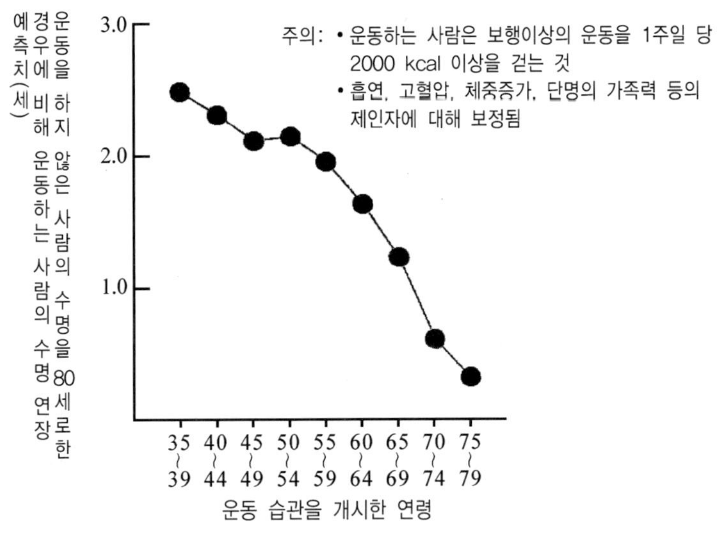

그림 1.12 운동 습관에 의한 수명 연장 예측치
(Peffenbarger 등의 데이터를 그림으로 작성: 참고문헌(小林))

▼ 표 1.5 휴양의 기본사항과 휴양 지침

(1980년 건강증진 센터 - 기술지침)
수면, 휴양, 피로감, 생활리듬, 기분전환
(휴양 지침 1994)
1. 생활리듬을
   - 스트레스를 자각, 수면의 질, 목욕, 여행, 과로방지
2. 여유 있는 시간과 결실을 맺는 휴양을
   - 30분/일은 자신의 시간, 휴가를 휴양으로, 즐거움과 생활 활력소
     로의 회복
3. 생활 중의 오아시스를
   - 휴식, 다양한 환경, 자연과의 만남을 즐김
4. 만남과 위로로 풍부한 인생을
   - 사회참여, QOL, 창조적인 생활

휴양은 건강 만들기의 제3의 항목으로 주창되면서 과학적 접근 방법을 이용한, 특히 정량적 평가 기술이 가장 뒤처진 분야이다. 그 때문에 세계를 봐도 보건 정책상 실무를 구체화하기 어려운 현실이다. 일본에서도 제1차 건강 만들기 시책 구축의 흐름 안에서 건강 증진 센터의 기술 지침을 정할 때 처음으로 전통적인 지침이 제안되어 그 기본적 개념이 제시되었다. 그 후 지역별 실천 활동 중에서도 충분한 데이터의 축적이 이루어졌다고 말하기 어려운 상태였으나 1994년이 되어서야 건강 만들기를 위한 "휴양 지침"이 실현[11] 되었다는 시간적 흐름을 엿볼 수 있다(표 1.5). 그러나 그 배경으로써 과학적 데이터의 구축은 이후의 연구에 기대하는 바를 키우며 오히려 "과로사" 등의 현실적 필요성에 대응하는 산업위생 분야에서의 연구가 일보 전진하게 되었다.

현재의 생활습관병의 개념 제시와 그것을 기본으로 한 새로운 건강 전략의 전개는 일본이 이들을 실천하는 가운데 쌓아온 것임은

말할 것도 없지만 그 기반에는 포괄적인 건강 만들기와 연결지을 과학적 배경이 있다는 것을 지적하지 않으면 안 된다. 그 최초이자 최대의 일은 1970년대에 발표된 미국의 공중위생 학자 Lester Breslow의 장기 종단지역조사의 성과[12]이다.

그와 그의 공동 연구자들은 캘리포니아주 아라메다군의 주민 4,400세대를 무작위 축출하여 성인 약 8,000명을 대상으로 한 생활습관과 "궁극적 건강지표"인 장래 사망률과의 관련 조사를 실시하여 그중 건강(장래 사망률이 낮은 비율임)과 관련 깊은 7개의 건강습관을 축출하는 것에 성공했다. 이것은 영양, 운동, 휴양, 그리고 음주, 흡연 등의 현대의 대표적인 건강 관련 생활습관에 해당되는 것들이다(그림 1.13). 이들의 습관의 유무에 의해 장래(9년 후)의 연령 정정 사망률에 명확한 차이가 나타나는 것을 확인하고(그림 1.14) 이것으로부터 이들 생활습관, 즉 비흡연, 적정 체중유지, 절주, 많은 양의 운동, 적당한 수면, 등이 건강 습관인 것을 간접적으로 증명하였다. 더욱이 이들 습관은 통계적으로 상호 독립적으로 관여하고 있는 것이 명확하게 되는가 동시에 그들 습관을 많이 지니고 있을수록 장래 사망률이 낮다고 하는 상관 효과가 인정되었다. 대표적인 예를 그림 1.15에 표시하였다. 운동습관의 정도와 그 외 건강 생활습관 사이에 남녀 모두에서(비교적 남자가 여자보다 명확하게 나타나지만) 그것을 뒷받침할 만한 결과를 관찰하였다.

- 적정한 수면시간   → 휴양
- 금연   → 담배
- 적정 체중의 유지   → 영양 · 운동
- 폭주를 삼가   → Alcohol
- 정기적으로 과격한 운동을 한다.   → 운동
- 아침 식사를 거르지 않는다.   → 영양
- 간식을 하지 않는다.   → 영양

그림 1.13 7가지의 건강습관(Breslow, 1972)

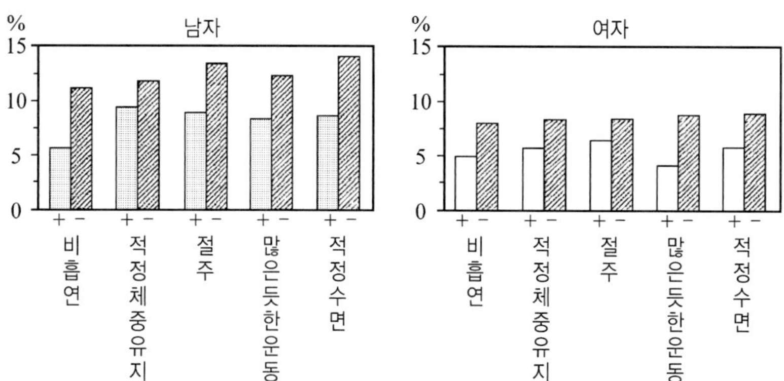

그림 1.14 건강 생활습관의 유무와 9년 후의 연령 정정 사망률(Breslow, 1980)

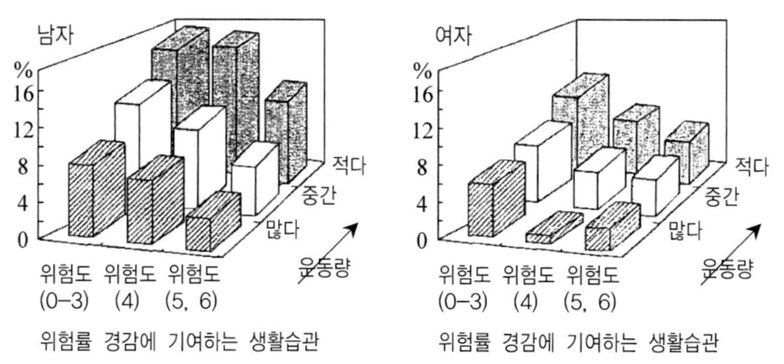

그림 1.15 9년 후의 연령 정정 사망률(Breslow, 1980)

유감스럽게도 일본에서는 이와 같은 고도의 조직적, 계획적, 통계적이며 나아가서 수준 높은 종단적 조사 연구는 아직 되어 있지 않다. 암 발병의 생활습관 요인에 관한 후생성 코호트 연구 등도 최근에서야 대규모 연구의 예를 들 수 있으나 이들 역시 지금 수행 중에 있다. 이들을 포함해 이후 일본에서는 일본인을 대상으로 한 수준 높은 연구로부터 과학적 근거를 명확하게 하여 건강정책 형성을 뒷받침해야 하는 필요성을 절실하게 느끼고 있다.

▼ 표 1.6 영양, 운동, 휴양의 과학 – 그의 과제

1. 신체의 적절한 지표의 해석
2. 건강 위험인자의 구조와 위험인자 평가
3. 적절한 양적·질적 요소의 해석
4. 영양, 운동, 휴양의 상호관계 해석
5. 개별성의 해석과 그의 대응   (유전적 요인과 고도의 위험인자를 갖는 Group)
6. 건강정보와 건강교육의 유효화

마지막으로 저자의 의견으로서 이후 영양, 운동, 휴양의 과학적인 연구 수행에 있어서 과제를 표 1.6에 정리하였다. 1)적절한 건강 계획을 위해서 정량적 지표를 확립하는 것, 2)비만, 고혈압 등, 질병에 관계한 위험 인자들의 상호 관계를 해석하는 것과 함께 각 요인의 중요성을 나타내기 위한 정량적 접근 방법으로 수행하는 것, 3)운동이나 휴양 등, 건강에 미치는 효과의 양과 질의 역할이 명확하지 않은 부분을 대상 특성별로 구분하는 것, 4)영양, 운동, 휴양의 3항목이 상호 관계를 양적으로 명확하게 하는 것, 5)유전적, 혹은 생활 기록 중에서 적응력을 획득한 질병 인자와 관련성을 가진 개별적 생리특성을 명확하게 하여, 높은 이환율에 중점을 둔 건강지표에 연

결하여 건강 만들기의 효율화를 이루는 것이다. 이와 더불어 6)행동 과학적 방법을 강조하여, 유효성이 높은 건강정보가 될 수 있도록 하며 효과적인 건강교육의 방법론을 개발하는 것 등이 당면의 과제로서 중요하게 생각되고 있다.

[문헌]

1) 厚生省: 平成9年度厚生白書, pp.8－9, (財) 厚生問題研究會 (1997)

2) 厚生省保健医療局地域保健・健康增進榮養課生活習慣病對策室: 糖尿病實態調查速報, 生活習慣病のしおり, pp.25－26, 社會保健出版社 (1999)

3) 日本放送協會: 國民の生活時間調查, NHK 出版 (1995)

4) 厚生省: 國民榮養の現狀 1989～1995 (1991～1997)

5) 厚生省: 平成7年國民榮養調查必携, pp.23－35 (1995)

6) 厚生省: 平成8年國民榮養の現狀, pp.32－43 (1998)

7) Nutrition Programme, WHO Geneva: Preparation and use of Food－Based Dietary Guidelines (1996)

8) (財) 厚生統計協會: 1990國民衛生の動向, p.98 (1990)

9) (財) 厚生統計協會: 1994國民衛生の動向, pp.90－91 (1994)

10) Peffenbarger, R. S., Jr., Hyde, R. T., Wing, A. L., and Hsieh, C. C.: Physical activity, all－cause mortality, and longevity of college alumni. *New England Journal of Medicine*, 314, 605－613 (1986)

11) (財) 厚生統計協會: 1994國民榮養の動向, p.91 (1994)

12) Breslow, L. and Enstrom, J.: Persistence of health habits and their relation－ships to mortality, *Prev. Med.*, 9, 469－483 (1980)

2

영양과 건강(1)

— 영양 역학적 측면으로부터 —

Ⅰ. 머리말

1970년대 이후 형성된 일본인의 식생활은 영양실조는 물론, 급성전염병, 기생충병, 만성 감염증(결핵), 그리고 유아 사망을 극복했다. 이 의미에서는 현재의 발전도상국들의 본보기였다.

더구나 완전한 구미형 식생활로 바뀌지 않았다. 밥, 된장국, 절임류로 대표되던 전통형 식생활을 유지하면서 부식, 채소의 다양화를 이루어 갔다. 그 결과 뇌졸중을 크게 감소시키고 관상동맥성 심질환의 증가는 현저하지 않았다. 남녀 모두의 평균 수명을 기록하고 있다. 이 의미는 구미 선진 제국의 모범으로 평가되었다.

뇌졸중, 관상동맥성 심질환의 중요 위험인자가 고혈압, 고지혈증, 비만, 내당능 이상(당뇨병)인 것은 확립된 개념이다.[1] 이들 순환기 질환 위험인자나 암이 비교적 젊은 연령(35~65세)에 이환하는 것은 생활 습관(life style, 식생활, 노동, 운동, 흡연, 음주)이 주요 요인이 되는 것도 알려졌다. 생활 습관개선(life-style modification)에 의해 순환기 질환 위험 인자를 보유하지 않게 하는 것과 암의 1차 예방을 측정하는 것은 보건 의료 영역에서 강조하고 있다. 이것이 고령(65세 이후)이 되어도 일상생활동작(Activity of Daily Living, ADL)을 비교적 양호하게 유지하게 하며 노년기 치매로 이환되는 위험률을 저하시켜 주어 생활의 질(Quality of Life, QOL)도 향상시킨다.

이전까지 일컬어지던 소요량의 개념도 변화하고 있다. 필요량을 충족시켜 영양소 결핍증의 예방을 예측하기 위한 기준치로부터 과잉 섭취를 경고하고, 생활습관병의 예방을 위한 참고치(상한치)로의 수정을 계속하고 있다.[2]

이와 같이 21세기는 인간 영양의 시대로 되는 것이 확실하다. 즉, 영양학은 분자 영양학 등의 환원형 연구보다도, 살아 있는 사람을 중시하는 통합형 연구가 활발하게 된다. 단지 각 부분에서의 통합되는 것이 아니라 그 이상의 통합형 연구가 기대된다.

Ⅱ. 영양 역학

영양역학(nutritional epidemiology)을 협의로 정의한다면 인간 집단을 대상으로 한 질병(특히, 최근에는 생활습관병)의 영양학적 규정인자(nutritional determinants)를 연구하는 학문이다.[3~5]

19세기의 중반, 영국의 Snow, J는 역학 연구에 의해 콜레라 환자의 변에 오염된 우물물이 콜레라의 '원인'임을 밝히고 콜레라를 예방하기 위해 우물을 없앴다. 이것은 콜레라균 발견의 30년도 전의 얘기이다. 현대 사회에 있어서도 상수도의 완비에 의해 콜레라 등의 소화기계 감염증의 예방을 도모하고 있다. Lind, J.는 Salisbury호의 항해 중에 발생한 괴혈병 환자를 몇 개의 군으로 나눠 각각의 군에 구강 청소약 및 마늘 등을 주었다. 그리고 오렌지와 레몬을 준 그룹만이 배가 항에 도착하기 전에 치료된 것을 확인하고 괴혈병의 예방, 치료에는 과일이나 채소가 관련하는 것을 알았다. 이 역학적 연구(개입시험)도 비타민 C가 알려지기 이전 1747년의 일이었다. 현대인은 적어도 일본인은 비타민 C 보충제를 복용하기보다 신선한 채소나 과일을 섭취함으로써 괴혈병을 예방하고 있다.

많은 매독 환자가 멜바르산을 정맥 내 주사하여 치료되고 있던 시대에 이들 환자에 황달이 많이 발견되었다. 당시는 멜바르산의 부작용에 의한 황달이라고 생각되었지만 후에 역학적 연구에 의해 주사기의 소독 부족으로 주사기에 남아 있던 혈청에 의한 것이 확인되었다. 현재는 바이러스, C형 또는 B형 간염 바이러스에 의한 것으로 추정하고 있다(당시의 주사기는 유리를 재료로 하였으며 사용 후 끓는 물에 소독하여 다음 환자에 사용되었다.). 역학은 불결한 주사기를 황달의 '원인'으로 정했다. 그러나 바이러스가 동정된 오늘날에도 황달이나 감염의 예방에 바이러스를 화학적으로 죽이거나 하는 것이 아니라 청결한 주사기, 즉 1회용 주사기를 사용하고 있다.

최근 암의 역학적 연구가 진행되면서 채소나 과일의 섭취가 구강, 인후, 식도, 폐, 위, 결장·직장암의 예방에 기여하는 것이 거의 확실하게 되고 있다(후술). 그 기전은 현재로써는 확실하지 않지만 적어도 구미 제국에서는 이들 암의 1차 예방을 위해서는 채소나 과일의 섭취를 증가시키는 것을 권장하고 있다.

우물물보다도 콜레라균이, 신선한 채소나 과일보다도 비타민 C

가, 불결한 주사기보다도 C형 바이러스가 그 전자보다 낮다는 사회나 학계의 관념이 있다. 역학은 분자 생물학같이 독창적이고 획기적인 부분은 결여되어 있고 문화 훈장이나 노벨상 같은 것과는 연이 없다.

그러나 상술한 바와 같이 역학은 사람의 건강에 직접 관여하는 학문이며 실용적이다. 이것이 최대의 이점이다. 한편, 식사(diet)는 복잡하고 식사와 만성질환과의 연관성(strength of association)은 비교적 약하다. 이 때문에 사실상 관계가 있어도 "관계없음"으로 표시되기도 하고 반대로 관계가 없어도 "관계있음"으로 표시되기도 한다. 역학 연구 결과의 해석은 신중하게 행하여져야만 한다.

Ⅲ. 연구 디자인

신문, 특히 건강잡지, TV 등의 대중 매체는 건강 문제에 특히 역학적 연구에 대해 민감하게 대응한다. 그래서 생태학적 연구, 예를 들어 "A국의 사람들은 ○○술을 습관적으로 마시고 있으므로 암 발생이 적다" "B국에서는 ××유를 사용하므로 심근경색 사망률이 적다" 등이 보도되면 사람들은 ○○술이나 ××유를 구입하는 데 몰두한다. 어떤 것이 정확한 정보인가? 어떤 것이 틀린 정보인가를 확실하게 판단하는 것이 먼저 그 연구의 디자인을 체크하는 것이 중요하다.

표 2.1은 역학의 연구 디자인별로 인과 관계를 증명하는 능력을 상대적으로 평가한 것이다.[3~5] 연구 디자인의 정의, 장점 단점에 대해서 상세한 설명은 역학의 원리와 방법에 관한 교과서를 참고하기

바라며 여기에서는 표 2.1과 같이 순위를 결정한 이유를 설명하고
자 한다. 결론을 말하자면 서로 다른 견해를 표명하는 학자도 있지
만 코호트 내증예, 대조연구, 코호트 연구나 개입연구 이외의 것에
는 신중한 대처를 필요로 한다.

▼ 표 2.1 면역 연구와 인과 관계를 증명하는 능력

연구 디자인	인과관계를 증명하는 능력 (5단계 평가)
개입연구(실험역학)	5(강하다)
코호트 연구	4
코호트 내증예 · 대조연구	4
중례 · 대조연구	3
횡단연구(개인 level)	2
생태학적 연구	1(약하다)

5단계 평가는 순서의 척도를 나타낸다.

횡단 연구(cross－sectional study): 영양지표와 질병지표를 동일
시점으로 측정하고 두 지표 간의 관련성을 해석하는 연구이다. 많은
사람을 대상으로 해서 영양지표로써는 한 사람 한 사람의 식염 섭
취량(24시간 배설 뇨중 나트륨을 측정하여 식염 섭취량을 추정한
다.)을 측정한다. 동시에 질병지표로써는 한 사람 한 사람의 혈압치
를 측정한다. 그래서 식염섭취량과 수축기 또는 이완기 혈압간의 상
관관계를 구한다. 식염과 혈압과의 관계는 예를 들어 강한 정의 상
관 관계도를 나타내어도 어떤 쪽이 원인이고 어떤 쪽이 결과인가를
결정하는 것은 곤란하다. 현재, 혈압이 높은 사람은 수년 전부터 혹
은 10년 전부터, 30년 전부터 높았었는지 모르기 때문이다. "혈압이
높은 사람은 혈압의 상승과 동반해서 식염 섭취가 증가하게 된다"

또는 "나트륨 배설량이 증가했다"라고 생각되기 때문이다. 더욱이 식염 섭취량과 상관성이 높은 기타 요인, 즉 식염 섭취량으로 표현되고 있는 배경인자(식염의 요인으로 표적이 된) 예를 들어 쌀밥 섭취량이 많은 것, 동물성 지방 섭취량이 적은 것, 동물성 단백질이 낮은 것 등이 고혈압의 원인으로 되어 있는지 모른다(현재, 식염과 고혈압과의 인과관계는 인정되어 있다.).

생태학적 연구(ecological study): 또 다른 방법의 연구는 생태학적 연구이다. 전술한 횡단 연구에서는 관찰 단위가 개인이었지만, 생태학적 연구에서는 관찰 단위가 "인간 집단"이다. 복수(2 집단 이상)의 집단을 대상으로 '집단'의 영양 지표와 '집단'의 질병지표와의 연관성을 해석한다. 각 집단의 식염 섭취량의 평균치와 혈압이 높은 사람과의 빈도를 구하고 양자 간의 상관 계수를 계산한다. 나라 별로 식사 섭취량의 자료와 질병 빈도(유병률, 이환율, 사망률)의 데이터를 비교하는 것은 국민 1인당 지방 섭취량 또는 육류 섭취량으로 유암, 대장암으로 인한 사망률을 조사해 지방 또는 육류 섭취량이 유암 또는 대장암 사망률과의 상관을 그린 것은 잘 알려져 있다(그림 2.1). 채식주의를 지키는 종교 종파의 신자 집단과 일반 집단과 비교하기도 하며(특수집단연구), 세계의 어떤 지역에서 또 다른 지역으로 이주한 사람들과 원래 그 지역에 거주하고 있는 사람들과를 비교하기도 하고(이민연구), 어떤 나라에서 영양지표의 연차추이와 질병지표의 연차추이를 비교하기도 하는 연구도 생태학적 연구의 범위에 들어간다.

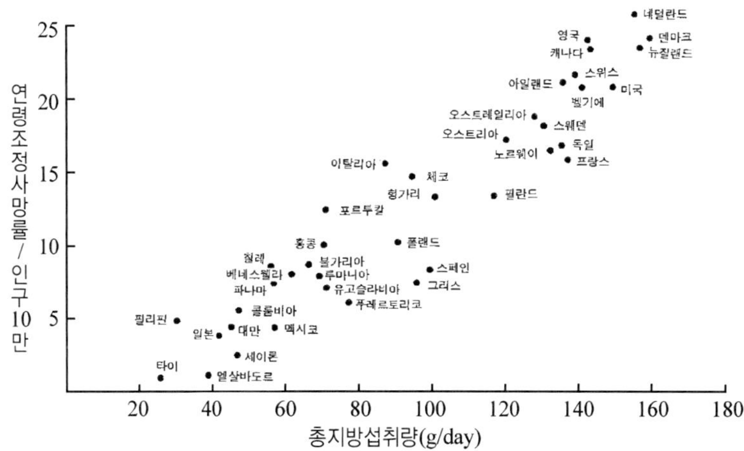

(총 지방 섭취량과 유방암 연령별 조정 사망률과의 상관 관계)

그림 2.1 생태학적 연구의 실예

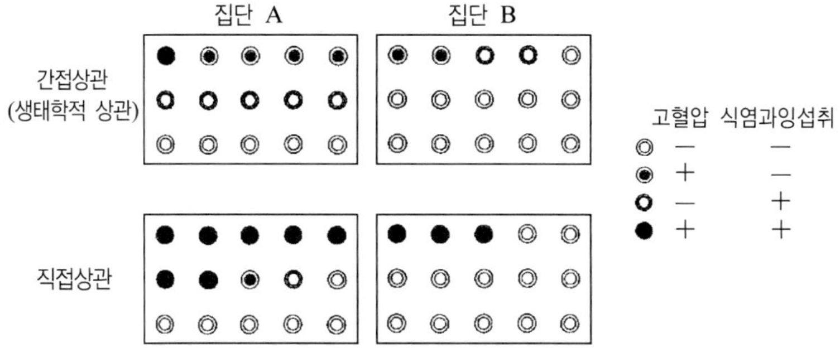

그림 2.2 생태학적 연구에 있어서 간접 상관과 직접 상관

이들 생태학적 연구에는 개인을 관찰단위로 하는 횡단연구에서 보이는 단점을 보완하여 생태학적 위상관(ecological fallacy, 간접상관이라고도 한다. 그림 2.2)이 존재한다. 그림 2.2의 상단에 표시하고 있는 것과 같이 집단 A는 집단 B에 비교하여 식염 섭취량이 많으며

고혈압의 빈도도 높지만 집단 A를 구성하고 있는 개인(◎)을 조사해 보면 식염 섭취량이 많은 사람은 반드시 고혈압이 아니다. 이와 같은 경우는 식염과 고혈압과의 상관 관계는 연관성을 갖지 않는다.

그러나 역학을 전문으로 하지 않는 사람들은 일반 사람들, 그리고 대중매체는 생태학적 연구에 바탕을 두고 해석하려는 경향이 강하다. 생태학적 연구에는 인과의 가능성(possibility)을 시사하는 것이고 반설을 설정하는 것이 있다는 것을 강조하고 싶다.

한편, 생태학적 연구의 형태로만 실시가 가능한 연구도 있으며 특히, 환경역학이 그렇다. 상수도 중의 불소 농도와 반상치 또는 우치, 대기오염 물질과 만성 기관지염, 음료수의 제초제 농도와 담관암, 내분비 각활화학물질과 신체 기관의 암 또는 정자수의 감소 등이 있다. 관련된 인자에 노출되는 정도나 질병에 관해서는 개인 data를 입수하기가 곤란한 경우도 있다.

증례, 대조연구(case－control study): 어떤 질병의 이환자(증례군)과 그의 질병에는 이환되지 않았지만 그 이외의 상황(즉, 성별, 나이는 필수)에서 유사한 조건을 갖는 대조군에 대해서, 영양지표(특히, 식사섭취량)를 조사해서 비교한다. 원인(영양지표)은 결과(질병)보다도 시간적으로 선행하고 있다. 증례, 대조연구에서는 해당 질병에 이미 이환된 사람도 대상으로 한다. 영양지표는 질병 이환 전에 과거의 상태를 표시하는 것이 아니면 안 된다. 개인이 과거의 식사를 생각해 내는 정도의 정확성을 평가하기 위한 자료는 많다. 과거의 식사를 조사하는 방법은 이후 계속하여 개선되어 나아갈 것이다. 과거를 생각해 내는 것은 신뢰성이 낮으며 과거의 정보를 잊어버릴 경우도 많을 것이다. 증례군에서는 질병의 치료, 재발 예방 등을 위해 질병 이환 후의 식사형태가 변하여 있을 수도 있으며 그 영향을 받게 될 것이다. 증례군의 사람들로부터 채혈, 채뇨를 실시하고 식사에 관한 생화학적 지표를 측정하면, 질병에 의한 변화, 즉 증례 대조연구는 후에 기술할 코호트 연구보다도 실시하기가 쉽지만 연구 결과의 해석이 어려워진다.

　코호트 내증례 대조연구(nested case－control study): 생화학적 지표는 질병의 관계를 분석하는 것이 유용하지만 식사 조사법에 의해 측정되는 식사 섭취량과의 관계를 분석하기 위해서는 기능을 발휘하지 못한다. 어떤 집단 내에서 가능한 한 많은 사람들로부터 가능하다면 그 집단 구성원 모두에게서 혈액을 채취하여 혈청, DNA 등을 －80℃에 보존하여 둔다. 연구의 목적에 해당되는 질병에 이환된 환자수가 일정 표본수(이미 통계학적으로 정해진다.)에 도달한 때에 혈청을 해동하고 식사에 관한 생화학적 지표(장기간 보존해도 변화하지 않는 것으로 한다.)를 측정한다. 동시에 비이환자 중에서 성별 연령 그 외 겹쳐지는 변수와 일치하는 대조군을 축출하여 증례군과 같은 생화학적 지표를 측정하여 양군을 비교한다. 증례군과 대조군을 합친 표본수는 비교적 적기 때문에 경제적으로 가능하다.

　코호트 연구(cohort study): 연구 목적으로 하는 질병에 이미 이환되어 있는 사람들을 제외하고 영양지표의 조사, 측정을 실시한다. 그 후 일정기간, 추적 조사하는 것이다. 구미 여러 나라에서는 몇만 명의 사람들을 대상으로 한 코호트 연구가 실시되고 있다(표 2.2). 식사조사법, 주로 반정량 식사 섭취 빈도조사법으로부터 식사 섭취량을 평가하고 각 영양소, 식품 섭취량을 4～5회 정도로 나누어 각 그래프의 해당 질병의 이환율을 정한다. 이것이 영양역학의 주류를 이루는 연구 방법이다. 생활습관병의 예방에 적합한 섭취량(상한치)의 설정에 기여하는 것이 기대되고 있다. 일본에서는 문부

성과 후생성의 코호트 연구가 실시 중에 있지만 어떤 방법이든지 암을 연구 목적으로 하고 있으며, 그를 위해 정성식사 섭취빈도 조사법을 채택하고 있다. 필자 등은 반정량 식사섭취 빈도조사법을 개발하고 식사 섭취량과 뇌졸중·심근경색 이환에 관한 코호트 연구를 실시하여 20년간 추적 조사를 종료하였다.

▼ 표 2.2 음식 섭취량(식품섭취 빈도조사법에 의한 평가)과 질병에 대한 대규모 코호트 연구

코호트 연구(출전)	대상집단	연구 시작 연도
Israeli IHD Study (Goldbourt, U., *et al: Cardiology*82, 100‒121, 1993	10,000M Israel	1963
Norwegian Cohort (Bjelke, E.: *Scand. J. Gastroenterol.*, <Suppl> 31, 1‒235, 1974)	17,000M+F Norway	1967
Adventist Health Study (Fraser, G. E., *et al.: Am, J. Epidemiol*, 133, 683‒693, 1991)	40,000M+F U.S.	1976
Nurses' Health Study (Willett, W. C., *et al: JAMA*, 268, 2037‒2044, 1992)	90,000F U.S.	1980
Canadian Breast Screening Study (Howe, G. R., *et al.: JNCI*, 83, 336‒340, 1991)	57,000F Canada	1982
New York University Women's Health Study (Toniolo, P., *et al.: Epidemiology*, 5, 391‒397, 1994)	14,000F U.S.	1985
ATBC (The Alpha‒Tocopherol Beta‒Carotene Cancer Prevention Study Group: *Ann, Epidemiol*, 4, 1‒10, 1994 *N. Engl, J. Med.* 330, 1029‒1035, 1994)	29,000M Finland	1985
Northern Sweden Health and Diseases Study (G. Hallmans)	55,000M+F	1985
Health Professionals Follow‒up Study (Rimm, E. B., *et al.: N. Engl. J. Med.*, 328, 1450‒1456, 1993)	52,000M U.S.	1986
Iowa Women's Health Study (Kushi, L. H., *et al.: JNCI*, 84, 1092‒1099, 1992)	42,000F U.S.	1986

M:남자, F:여자

코호트 연구(출전)	대상집단	연구 시작 연도
Netherlands Cohort Study (Van den Brandt, *et al.*: Cancer Res., 53, 75 – 82, 1993)	121,000M + F Holland	1986
Sweden Mammography Cohort (A. Wold and H. – O, Adami)	61,000F Sweden	1987
ARIC (ARIC investigators: *Am. J. Epidemiol.*, 129, 687 – 702, 1989)	16,000M + F U.S.	1987
ORDET (Berrino, F., *et al.*: *JNCI*, 88, 291 – 296, 1996)	11,000F Italy	1987
Honolulu Heart Program (Kagan, A: An Epidemiologic Study of Coronary Heart Disease and Stroke, 1996)	8,000M U.S. (Japanese)	1988
Cardiovascular Health Study (Fried, L. P., *et al.*: *Ann.* Epidemiology, 1, 263 – 276, 1991)	5,880M + F,6 5 + yrs	1989
Washington County, Maryland, U.S. (G. W. Comstock)	30,000M + F	1989
Melbourne Collaborative Cohort Study (Giles, C. G.: *Proc. Nutr. Soc. Aust.*, 15, 61 – 68, 1990)	42,000M + F Australian – born Italian and Greek migrants	1990
Nurses' Health Study Ⅱ (Rich – Edwards *et al.*: *Am. J. Obstet. Gynecol.*, 171:171 – 177, 1994)	95,000F U.S. young nurses	1991
American Cancer Society (M. Thun)	184,000M + F U.S.	1992
Canadian Study of Diet, Life – style, and Health (T. Rohan)	100,000M + F Canada	1992
Women's Health Study (Buring, J. E. *et al.*: *J. Myocardio, Ischemia*, 4, 27 – 29, 1992)	40,000F U.S.	1992
EPIC (Riboli, E., and R. Kaaks: *Int. J. Epidemiol*, 26<Suppl>: S6 – S14, 1997)	440,000M + F 9 European countries	1993
NCI (A. Scahatzkin)	540,000M + F U.S.	1995

코호트 연구(출전)	대상집단	연구 시작 연도
Mult－Ethnic Cohort (L. Kolonel)	215,000M＋F U.S. (multiethnic)	1993
Singapore Cohort Study (M. C. Yu)	48,000M＋F Singapore (Chinese)	1993
Women's Health Initiative (Rossouw, J. E. *et, al.: JAMA*, 50. 50－55, 1994)	165,000F U.S.	1993
Women's Antioxidant Cardiovascular Study (Manson, J. E. *et al.*: Ann. Epidemiol., 5, 261－269, 1995)	8,000F	1994
California Teachers' Study (L. Rosenberg)	132,000F	1995
Black Women's Health Study (L. Rosenberg)	65,000F U.S. (black)	1995
Growing up in the '90s (G. Colditz)	15,000 U.S. M＋F adolescents	1996
Shangha Women's Health Study (W. Zheng)	75,000F China	1996

M:남자, F:여자

　유의적인 결과를 얻지는 못하였지만 다수의 대상자에 식사조사를 실시하며 생리학적 검사, 생화학적 검사를 실시하지 않으면 안 된다. 이들 영양지표는 추적기간 중에 변화한다. 이 변화를 평가하기 위해서는 영양지표를 적당한 시기에 여러 번 조사를 하는 것이 필요하다. 그래서 추적기간 중에는 전 대상자에 대해 반복적으로 연결을 하여 그들의 건강상태(특히, 연구목적으로 하고 있는 질병이환의 있음, 없음), 사망(사인을 포함), 그리고 전출을 조사하지 않으면 안 된다. 시간적 경제적 인적부담이 커진다. 언어(대화)의 실질적인 도움이 절실히 요구되는 연구이다.

개입연구(intervention study, 개입시험, 실험역학): 연구자는 연구 대상 집단을 모이게 하고 무작위로 2군으로 나누고 연구 목적의 처방을 실시하는 군(개입군)과 처방을 받지 않는 군(대조군)으로 배치한다. 일정기간 후 개입군과 대조군을 비교해서 양자의 건강상태의 차이가 나타나는가 어떤가를 관찰한다. 감염에 의한 강압효과, 저포화지방산·콜레스테롤식, 불포화 지방산식에 의한 혈청 LDL − 콜레스테롤치의 저하 등이다. 최근에는 $\beta-$ 캐로틴 보충제의 장기 투여와 폐암 예방효과에 관한 대규모 개입연구도 실시되었다. 비타민, 미네랄 보충제의 개입연구에서도 대조군에 placebo를 투여하기도 하며 연구자나 연구 대상자에게도 영양 보충제나 placebo가 어느 쪽 그룹에 투여되고 있는가를 밝히지 않는다. 이것이 이중맹검법(double blind method)을 실시하는 이상적인 디자인이다. 개입연구에서는 연구대상자에게 연구 목적에 대해 설명을 하고 그에 대한 동의를 구한 다음 윤리 위원회(IRB)의 심사를 거쳐야만 한다. 개입연구의 실시는 윤리적 배려가 필수 조건이다.

코호트 연구에서는 어떤 영양소 A의 섭취량과 뇌경색 이환율과의 사이에 통계학적으로 유의성을 나타냈다고 해도 영양소 A가 뇌경색의 원인 중의 하나라고 결정내리기는 어렵다. 코호트 연구의 결과는 probable이라고 하는 것이 된다. A와 강한 정의 상관 관계를 나타내는 영양소 B가 '진범'일지도 모른다. A는 B의 marker일 경우가 있다. 개입연구, 즉 A를 제거하는 것으로 뇌경색 이환율의 감소가 인정되며 처음으로 A와 뇌경색과의 인과관계는 명확하다고 할 수 있다.

Ⅳ. 식사 섭취량의 복잡성

어떤 형태의 역학연구 방법에서도 반드시 행해지는 것은 폭로정보(영양지표)와 결과(질병)의 측정이다. 영양역학에 있어서 폭로정보라고 하는 것은 신장, 체중 등의 신체 계측치, 영양상태를 반영하는 생화학적 지표 또는 임상학적 소견, 그리고 음식과 그 중의 영양소, 비영양소 성분의 섭취량이다. 그러나 영양역학에서는 음식 영양소 비영양소 성분 등의 섭취량을 식사 조사를 평가하는 것에 특히 흥미를 가지고 있다.

현재의 영양역학은 생활습관병의 원인과 예방을 중시하는 것이므로 장기간에 걸쳐 일상적인 식사 섭취량을 평가하는 것에 관심을 갖고 있다. 칭량식 식사기록법을 복수회(예를 들어 각 계절에 7일간, 합계 1년에 28일간) 실시한 것을 식사 섭취량 측정의 Gold standard로 하고 있다. 현행의 식사 조사법에는 각각의 형태가 있지만 집단에 있어서 영양소 등 섭취량의 평균치를 추정하는 것으로는 24시간 회상 기록법이 있다. 이것은 거의 세계의 선진제국에서 표준으로 삼고 있다.

여기에서 식사 조사법(특히 24시간 회상법과 음식섭취 빈도조사법으로부터 식사 섭취량을 평가하는 방법의 복잡성에 대하여 설명한다.[6]

두 가지 방법에서 모두 피조사자의 기억에 의존하고 있다. 기억에 의존하는 실수를 최소한으로 하기 위해서는 조사 중 준수사항을 정하고 조사장(영양사)에 대해서 준수사항을 지키며 조사를 행할 수 있도록 훈련이 동반되어야 한다.

24시간 회상법은 자유질문 회답방식(open‒ended questionnaire)이다. 일상생활을 자유로 영위하고 있는 사람들은 매일, 3식(아침,

점심, 저녁) 간식, 음료수 등등, 다양하게 섭취하고 있다. "어제의 저녁(또는 점심, 아침)식사 때에는 무엇을 먹었습니까?"라고 하는 질문이 전 피조사자가 공통으로 갖고 있는 유일의 것이다. 질문도, 그 내용의 상세한 정도도 피조사 사이에서 뿐만 아니라 조사자(영양사) 사이에서도 크게 달라진다. 그러나 이와 같은 자유질문 회답 방식에도 이점이 있다. 어떤 연구 집단에도 대응할 수 있는 것이다. 발전도상국에서도 교육이 부족한 사람들에게도 실시 가능하다.

먹지 않은 음식을 실수로 먹었다고 대답하는 경우에 비교하여 먹었음에도 불구하고 기억해내지 못하는 경우가 많다. 먹었음에도 불구하고 기억해 내지 못한 음식물은 섭취빈도가 적은 음식, 음식에 부수적으로 동반되는 식품, 재료, 음식에 첨가되는 식품, 재료, 반찬, 후식(과일, 케이크 등), 간식(과자류 등), 음료(술, 맥주, 차, 커피, 홍차, 주스, 물 등)가 있다. 피조사자가 거의 섭취하지 않는 고가의 식품을 섭취한 경우는 잊어버리기 쉽다. 어떤 계절에 1~2회 정도밖에 섭취하지 않는 음식, 예를 들어 가다냉이를 얇게 썬 포와 가쯔오와 간장을 곁들인 음식 등이다. 주 메뉴에 곁들어진 것으로는 steak 요리에 fried potato, carrot grasse, 완두콩, corn soume 등이 그러하다. 주 메뉴에 첨가되는 부식으로는 신선한 채소에 곁들인 마요네즈, 드레싱, 햄버그에 곁들이는 케찹, 돈가스에 곁들이는 돈가스 소스 등이 있다.

어느 정도로 상세하게, 심각하게 물어보는가도 중요하다. 외식의 경우 피조사자가 조리한 사람에게 그 요리에 사용된 식재료, 조리방법을 물어 대답하기는 어려운 일이다.

편의점, 슈퍼마켓에서 구입할 수 있는 조리된 음식(야채 set)에서도 그 재료, 조리방법, (특히, 기름에 볶음, 튀김에는 주의), 절임류(소금, 식초·설탕)의 정도를 질문한다. 감자탕, 볶음밥, 오므라이스 등의 메뉴에 첨가되는 부재료의 사용량과 조미료의 정도를 질문한다. 불고기 전골, 그 외 큰 접시에 담겨져 있는 요리에서 개인이 적당량을 개인 접시에 담고 어느 정도를 먹었는지 상세하게 질문한다.

먹고 마신 식품의 양적 정보의 파악은 심각하다. 그 양적 정보의 수집은 24시간 회상법으로도 식품섭취 빈도조사에도 공통된 문제점이다. 조리를 하지 않는 사람, 식품 구입의 경험이 없는 사람, 특히, 남성에 대해서 "steak는 몇 g을 먹었습니까?" "꽁치는 몇 g이었습니까?" "볶음밥에 사용된 계란은 몇 g이었습니까?" 등의 질문에 각각의 식품의 무게(조리 후의 무게인지 조리 전 재료의 무게인지)에 대한 질문에 대답할 수 없다. 1인분(용적, 크기)에 의한 정보수집에 노력해야 한다. Steak의 크기(가로, 세로) 두께의 길이라면 ㎝ 또는 ㎜의 단위로 어느 정도 대답할 수 있다. 밥은 대, 중, 소의 밥그릇 크기를 정하여 물을 수 있다. 그리고 그 정도의 크기로 몇 그릇을 먹었습니까? 라고 물으면 비교적 대답하기 쉽다. 1인분 용량에 대한 정보 수집은 각각의 도구 및 용기를 준비하여야만 한다. 도구 중 가장 유용한 것은 조리된 음식 모델, 식품 실물 크기의 칼라 사진(생재료의 칼라사진은 유용하지 않다.)이다. 그 외, 요리나 식품의 규모(food model), 계량용 스푼과 컵, 자, 기하학적 도형(장방형, 원, 원호, 봉우리 모양 등) 컵, 다기, 접시의 그림 그리고 밥그릇·국그릇·접시·스푼 등의 실물이다.

영양소 계산은 먼저 1인분의 크기에서 생중량을 환산하게 된다. 식품성분표는 생중량을 기준으로 해서 구성되어 있기 때문이다. 이 환산은 현시점의 일본에서는 영양사의 경험에 의존하고 있다. 그래서 조리에 의한 영양소 함유량의 변화는 고려되어 있지 않다. 조리 식품, 요리 가공식품, 레토르트 식품 등에 대하여 식품성분표를 작성하여야 한다. 영양학의 분야에서는 생재료의 식품성분표는 의미를 부여할 수 없다.

식품 표준성분표, 시판 식품성분표, 그리고 문헌 등에 기재되어 있지 않는 식품은 재료에 기재된 것들 중 유사한 식품 중에서 대치하여 영양가를 계산한다.

이상에서 서술한 바와 같이 식품섭취 상황(식품과 그의 양, 부피 용적)에 관한 정보는 기술적 data 또는 soft data이다. 이것을 정량적 data 또는 hard data에 과학적으로 변환시킨다. Data base의 구축 완비와 컴퓨터 프로그램 개발이 시급하다. 미국에서 1980년대에 이러한 준비가 진행되어 왔고 일본은 그에 비하여 준비가 늦다. Data base 구축은 조리식품, 조리별 식품 영양성분표, 식품·조리별 1인 분량의 설정과 그의 중량 환산의 표준화가 soft ware에서는 대화형 24시간 회상법, 또는 식물섭취 빈도조사법 프로그램이 개발되어야 한다.

식사 조사법의 manual작성, 조사자(영양사)의 연수 system도 확립하여야 한다.

V. 식이성 지질과 뇌졸중

일 본에서는 뇌졸중이 심근경색보다 발생률이 높으며, 뇌졸중이 장기간(1951~1980년)에 걸쳐 사인의 제1위를 지키고 있다. 이를 위해 뇌졸중의 역학과 예방은 구미 제국의 수준을 능가한다. 가장 주목되는 것으로는 혈청 콜레스테롤이 낮은 것이 뇌출혈이나 천통지계 뇌경색(穿通枝系 腦梗塞)의 위험을 높게 하는 것이

54

다.[7] 그 배경으로는 밥, 된장국, 절임식품을 매 끼니 섭취하고 동물성 식품의 섭취가 극단으로 적은 전통형 식생활(고당질·식염·저지방·동물성 단백질)이 존재하는 것으로 추정된다. 그러나 식품 섭취량, 특히 식이성 지질과 뇌졸중과의 관계가 코호트 연구에 의해 분석된 것은 일본에서도 Seino, F 등[8]의 보고만이 있다.

이 보고에서는 위에 상술한 내용에 대하여 "Diet-Stroke Hyphothesis"를 지지하는 결과가 얻어지고 있지만, 통계학적으로는 유의하지 않았다. 기본적인 식사는 반정량 식품 섭취 빈도조사법으로 평가된다. 기본(1977년)을 유지할 때에는 고도경제 성장시대가 oilshock (1973년)와 함께 끝나고 일컬어 안정시대(저경제 성장시대)에 들어간 시기이다. 곤궁시대에 대부분의 식사를 대변한 전통형 식생활이 거의 없어지고 있다. 추적기간 중에는 뇌졸중의 병형 분포도 크게 변화했다. 죽상동맥경화(粥狀動脈硬化)를 기반으로 하는 뇌혈전의 비율이 커지고 고혈압을 기반으로 하는 뇌출혈이나 천공지계 뇌경색의 비율이 낮아졌다. 뇌졸중 이환율도 대폭으로 감소했다. 이와 같은 식생활의 변화, 뇌졸중 병형분포의 변화가 통계학적으로 유의차가 없었던 원인으로 생각되고 있다.

구미 여러 나라에서도 식사 섭취량과 뇌졸중과의 코호트 연구는 적다(표 2.3). 지질 섭취량은 뇌졸중과 관련하지 않는다고 하는 연구가 많지만, Matthew들은[9] 전지방, 포화지방산 섭취량과 뇌졸중과의 사이에 반비례적 상관성을 제시하고 있으며, "Diet-Stroke Hypothesis"를 지지하고 있다. 이와 같이 뇌졸중의 영양학적 주요인은 관상동맥성 심질환(冠動脈性 心疾患)의 경우와 크게 다른 경향이 있다.

▼ 표 2.3 식이성 지질과 뇌졸중에 관한 코호트 연구

연구자	잡지	대상자	평가방법	질환	결과
Seino, F. *et al.*	*J. Nutr. Sci. Vitaminol.*, 43:83 – 99, 1997	40세 이상 남녀 2,283명	반정량 식이섭취 빈도 조사법	뇌경색	Fat: ○, SFA: ○, PUFA: ○, MUFA: ○
Matthew, W. *et al.*	JAMA, 278: 2145 – 2150, 1997	45~65세 남자 832명 순환기 질환 비이환자	24시간 회상법	뇌졸중 뇌경색 뇌경색 + TIA 뇌출혈	Fat: ↓, SFA: ↓, MUFA: ↓. PUFA: ○ Fat: ↓, SFA: ↓, MUFA: ↓. PUFA: ○ Fat: ↓, SFA: ↓, MUFA: ↓. PUFA: ○ Fat: ↓, SFA: ↓, MUFA: ↓. PUFA: ○
Morris, MC. *et al.*	*Am. J. Epidemiol.*, 142:166 – 175, 1995	40~84세 남자의사 21, 185명 뇌졸중, 심질환비이 환자	반정량식이섭 취 빈도 조사법	뇌졸중	n – 3:○, Fish: ○
Keli, SO. *et al.*	*Stroke*, 25: 328 – 332, 1994	50~69세 남자 552명	Cross – check 식사기록법	뇌졸중	1일 생선 섭취량: ○~↓ 10년간 생선 섭취상황: ○~↓
Reed, DM.	Am. J. Epiden	하와이에 거주하는 일본계 남자 7,591명 관동맥성심 질환, 뇌졸중 비이환자	24시간 회상법, 식습관의 일식, 양식별	뇌경색 뇌출혈	Fat: ○ Western Diet: ○ 상동

주) Fat: 총 지방, SFA: 포화지방산, MUFA: 일가 불포화지방산, PUFA: 다가 불포화 지방산, n – 3: n – 3계 다가불포화지방산, Fish: 어류, ↑: 위험률 증가, ↓: 위험률 감소, ○: 관련 없음

Ⅵ. 식사 섭취량과 관상동맥성 심질환

그림 2.3에 표시하고 있는 "Diet－Heart Hypothesis"는 확립된 것으로 사려된다. 즉, 식이성의 포화지방산, 콜레스테롤은 혈청(LDL－) 콜레스테롤을 상승시켜, 그리고 고(LDL－) 콜레스테롤혈증이 관상동맥성 심질환의 위험을 높게 한다. 한편, 식이성의 다가불포화지방산은 혈청 콜레스테롤을 저하시킨다.

포화지방산 중에서 팔미틴산, 미리스틴산, 라우린산은 혈청 콜레스테롤 상승성 지방산으로 되고 있지만 스테아린산과 혈청 콜레스테롤을 거의 상승시키지 않는다고 하는 연구는 많다.[10] 중쇄(8:0, 10:0) 포화지방산에 대해서는 혈청 콜레스테롤을 상승시킨다고 하는 연구와 상승을 밝히지 못한 연구도 있다.

리놀산(n－6계 다가불포화지방산)은 장기간, 콜레스테롤 저하 지방산에 분류되고 있다.[10] 그러나 최근에는 포화지방산에 비해 LDL－콜레스테롤 농도를 저하시키는 것은 확립되었지만 종래 생각되어 오던 정도는 아니었다고 하는 연구가 눈에 띈다. a－리놀렌산(n－3계 다가불포화지방산)은 대두유, 유채기름, 생선기름 등에 포함되어 있지만 혈청 콜레스테롤이 아닌 트리아실글리세롤을 저하시키는 양상을 보인다. 올레인산(cis－형 일가 불포화지방산)의 혈청 리포단백질에 미치는 영향은 작다고 생각되고 있다. 한편 trans형 일가 불포화지방산은 혈청 LDL－콜레스테롤을 상승시키고 있다.

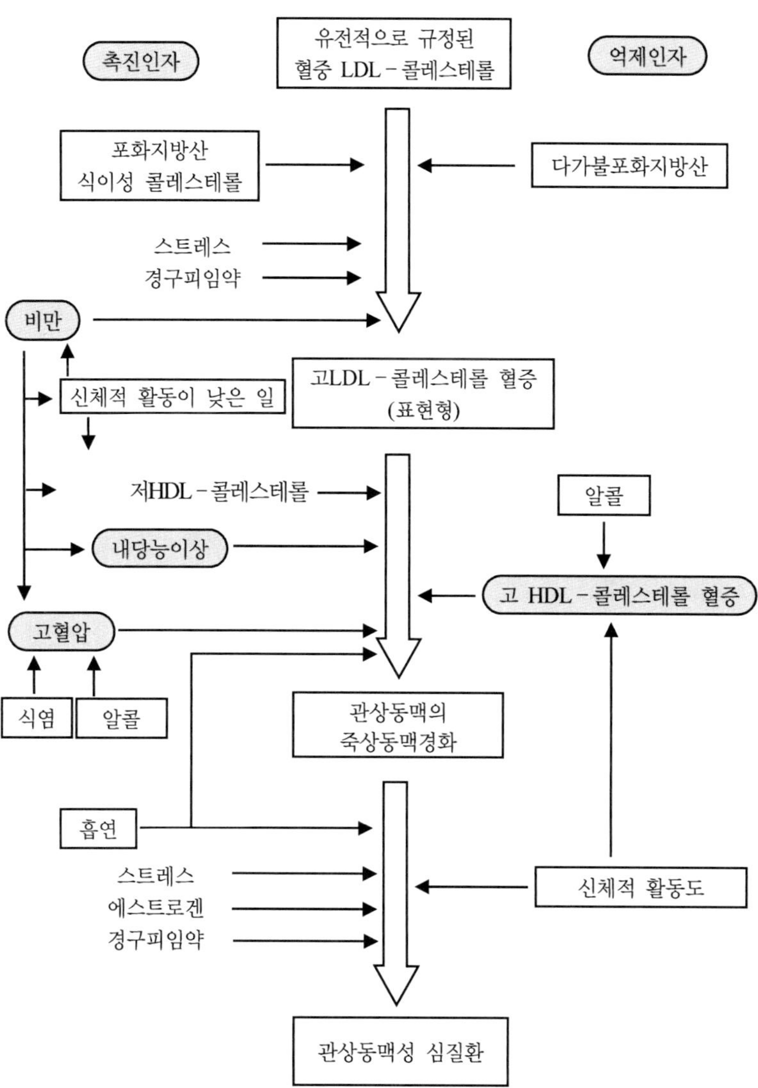

그림 2.3 고전적 식사 심장설(Classical Diet-Heart Hypothesis)

▼ 표 2.4 식이성 지질과 관상동맥성 심질환에 관한 코호트 연구

연구자	잡지	대상자	평가방법	질환	결과
Albert. CM. *et al.*	*JAMA*, 279: 23 - 28. 1998	40~84세 남자 의사 20,551명 심근경색뇌혈관질환 암비이환자	반정량 식이섭취 빈도조사	과로사 심근경색 심질환사망 (돌연사의 경우는 제외) 관상동맥성 심질환사망 순환기 질환 사망	n-3: ○, Fish: ↓ n-3: ○, Fish: ↓ Fish: ○ Fish: ○ Fish: ○
Hu, FB. *et al.*	N. Engl. J. Med. 337: 149 - 1499, 1997	34~59세 간호사 80,082명 관상동맥성심질환, 뇌혈관질환, 암, 콜레스테롤혈증, 당뇨병 비이환자	반정량 식이섭취 빈도조사	관상동맥성 심질환	Fat: ○, SFA: ↑, MUFA: ↓, PUFA: ↓, CH: ○, Trans: ↑
Pietinen, P. *et al.*	Am. J. Epidemiol. 145: 876 - 887, 1997	50~69세 남자 21,930명 흡연자, 순환기질환비이환자	식이섭취 빈도조사	관상동맥성 심질환	SFA: ○, MUFA(Cis형): ○, n-3: ↑, 리놀렌산: ○, 리놀산: ○, Trans: ↑, CH: ○
Gillman, MW. *et al.*	Epidemiology. 8: 144 - 149, 1997	45~64세 남자 832명 순환기질환 비이환자	24시간 회상법	관상동맥성 심질환	마가린: ↑
Ascherio, A. *et al.*	BMJ, (313) 7049: 84 - 90, 1996	40~75세 남자 의사43.757명 순환기질환 당뇨병비이환자	반정량 식이섭취 빈도조사	심근경색	Fat: ↑, SFA: ↑, 리놀렌산: ↓, CH: ↑. Trans: ↑
Esrey, KL. *et al.*	J. Clic. Epidemiol., 49: 211 - 216, 1996	30세 이상 남녀 4,546명 관상동맥성 심질환 비이환자	24시간 회상법	관상동맥성 심질환사망 30~59세 60~79세	Fat: ↑, SFA: ↑ MUFA: ↑, PUFA: ○ Fat: ○, SFA: ○, MUFA: ○, PUFA: ○
Morris, MC. *et al.*	Am. J. Epidemiol. 142: 166 - 175, 1995	40~84세 남자 의사 21,185명 심질환, 뇌졸중 비이환자	반정량 식이섭취 빈도조사	심근경색	n-3: ○, Fish: ○
Kromhou t D. *et al.*	*Int. J. Epidemiol.* 24: 340 - 345, 1995	64~87세 272명 순환기질환 비이환자	cross check 식사 기록법	관상동맥성 심질환사망	Fish: ↓
Ascherio, A. *et al.*	*N. Engl. J. Med.* 332: 977 - 982, 1995	40~75세 남자 의사 44.895명 순환기질환 당뇨병 비이환자	반정량 식이섭취 빈도조사	관상동맥성 심질환	n-3: ○, Fish: ○

연구자	잡지	대상자	평가방법	질환	결과
Guallar, E. *et al.*	*J. Am. Coll Cardio* 25: 387 - 394 1995	40~84세 남자 의사 44.895명 순환기질환 당뇨병 비이환자	반정량 식이섭취 빈도조사	심근경색	Fish: ○
Willett, WC. *et. al.*	*Lancet*, 341: 581 - 585, 1993	간호사 85,095명 관상동맥성심질환, 뇌혈관질환 환고콜레스테롤혈증, 당뇨병비이환자	반정량 식이섭취 빈도조사	관상동맥성 심질환	마가린: ↑ Trans: ↑
Dolecek, TA. *et al.*	*World Rev. Nutr. Diet* 66: 205 - 216, 1991	35~57세 남자 6.250명 관상동맥성 심질환 고위험군	24시간 회상법	관상동맥성 심질환	리놀렌산: ○ EPA+DHA: ↓ 리놀산: ○ n-3/n=6: ○
Posner, BM. *et al.*	*Arch. Intem. Med.* 151: 1181 - 1187, 1991	40~45세 남성 420명	24시간 회상법	관상동맥성 심질환	Energy: ↓, Fat: ↑, SFA: ↑, MUFA: ↑, PUFA: ○, CH: ○
Reed, DM.	*Am. J. Epidemiol.* 131: 579 - 588, 1990	하와이 주재의 일본계 남자 7,591명 관상동맥성 심질환 뇌종증비이환자	24시간 회상법 식습관 조사	관상동맥성 심질환.	Fat: ↑, Western diet: ↑
Shekelle, RB. *et al.*	Lancet, 27: 1177 - 1179, 1989	40~55세 남자 1,182명 관상동맥성 심질환 비이환자	식이조사	관상동맥성 심질환 사망	CH: ↑

주) Fish: 어류, Fat: 총 지방, SFA: 포화지방산, MUFA: 일가 포화지방산, PUFA: 다가불포화지방산, CH: 식이성콜레스테롤, Trans: Trans형 일가불포화지방산, n - 3: n - 3계 다가불포화지방산, ↑: 위험률 증가, ↓: 위험률 감소, ○: 관련 없음

표 2.4는 식이성 지질과 관상동맥성 심질환과의 관계를 직접적으로 연구한 것이다. 즉, 혈청 콜레스테롤을 중개하지 않고 분석 한 것이다. 생선기름 혹은 n - 3계 다가 불포화지방산이 관상동맥성 심질환과 관련하지 않는다고 보고가 6편, 위험도가 감소한다는 보고가 3편, 위험도가 증가한다는 보고가 1편이다. trans형 - 일가 불포화지방산을 검토한 4편 모두는 위험도가 증가한다고 보고하고 있으며 일련의 관련성을 시사하고 있다. 또 cis형 일가 불포화지방산이

위험도가 증가한다는 보고가 2편, 위험도 감소를 알린 보고가 1편, 관련성이 없다고 한 보고가 2편이다. 전지방 혹은 불포화지방산이 위험도 증가를 알리는 보고가 5편, 관련하지 않는다고 한 보고가 3편, 다가 불포화지방산이 위험도를 감소한다고 한 보고가 1편, 관련이 없다고 시사한 보고가 4편이다.

관상동맥성 심질환의 위험도와 관련이 있을 것으로 추정되는 식이요소는 지질 이외에 식이섬유, 동물성 단백질, 당질, 비타민 A, C, E, 엽산, 비타민 B_6, B_{12} Serin, 철, 칼슘, 마그네슘, 크롬, 동 등이 알려져 있다. 이들 중 식이섬유와 엽산 비타민 B_{12}, 비타민 B_6가 위험도 감소와 관련하고 있다는 연구 결과가 축적되고 있다. 본 저서에서는 최근 화제로 되고 있는 엽산, 비타민 B_6, B_{12}와 혈중 호모시스테인(homocysteine)에 대해 서술하고자 한다.[6,10]

혈중 homocystcinc 농도가 관상동맥성 심질환의 위험도와 정의 반응관계를 나타내며, 고homocysteine 혈증이 관상동맥성 심질환의 위험인자라고 하는 역학 연구 보고가 많다. 그러나 homocystein이 관상동맥성 심질환의 위험도를 왜 상승시키는가에 대해서는 거의 알려진 바가 없다. 현재에는 유황 함유 아미노산의 혈관 내피세포에 대한 독작용, 혈액 응고촉진작용, 항선용 작용(抗線溶作用), 혈관응답성 변화의 유도가 생각되고 있다.

표 2.4에 제시된 것과 같이 혈중 homocysteine은 식이성 단백질 즉, methionine에서 유래한다. 식품에서는 육류, 유제품에 많다. 혈중 homocysteine은 cystationine 합성효소에 의해 cystationone에 대사된다. 비타민 B_6는 이 합성효소의 보조인자(cofactor)이다. 또 다른 대사경로는 methionine 합성효소에 의해 homocysteine은 methionine에 역변환된다. 엽산, 비타민 B_{12}는 methionine 합성효소

의 보조인자이다. 엽산, 비타민 B_6, B_{12}의 섭취량이나 혈중 농도가
혈중 homocystein과 반대적 상관관계를 나타내는 횡단연구, 개입연
구가 많고 일관된 결과를 얻고 있다. 개입연구에서는 지적한 3가지
비타민 중에서 엽산의 homocystein 저하 작용이 가장 강하다. 또
엽산의 효과는 비타민 B_6나 B_{12}의 존재의 유무에 영향받지 않는 것
이다.

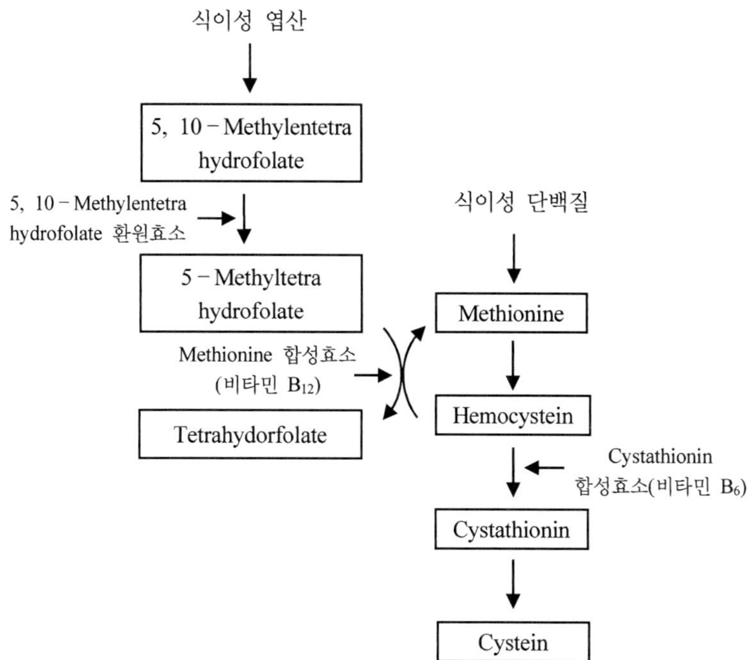

그림 2.4 식이성 요인과 혈중 homocystein과 관련한 대사경로

Ⅶ. 음식과 암

여기서는 세계 암 연구기금 · 미국 암 연구소에 의한 최근의 정보를 소개한다.[11] 15인의 암 연구자가 많은 연구자의 협력을 얻어 문헌을 총 집대성하여 정리하였다. 그러나 생활습관은 나라, 지역, 또는 민족에 따라 달라질 수 있기 때문에 표 2.5의 전부가 일본인에 적용된다고 할 수 없다. 생활습관, 특히 식사섭취의 평가법, 역학연구 design (생태학적연구, 횡단연구, 증례 · 대조연구, 코호트 연구, 무작위 비교대조군 시험의 순서에 따라 인과 관계를 증명하는 능력이 강해진다. 표 2.1) 인과 관계의 판단조건(일치성, 강고성, 용량 · 반응관계, 특이성, 시간적순서, 적합성), 그리고 생물학적 설득성, 동물 실험 등으로부터 암의 위험도(이환율, 사망률)를 감소시키는 것, 증가시키는 것, 관련성이 없는 것의 각각 4단계 평가를 하였다. Convincing, probable, possible, insufficient의 4단계이다. 표 2.5에서는 위험률 감소와 증가에 대해 convincing(감소 −3, 증가 +3), probable(감소 −2, 증가 +2), possible(감소 −1, 증가 +1)로써 정의하였다. −3, −2 또는 +3, +2에 대해서는 건강 · 영양정책 제안자, 보건 · 의료종사자, 일반 사람들에게 권장 가능한 정도의 과학적 근거가 있는 것이다. 야채 · 과일은 많은 암의 위험도를 감소시킨다. 식이성 카로티노이드는 폐암, 식이성 비타민 C는 위암을 예방한다. 식염 · 염장식품은 위암, 인후공암, 육류는 결장 · 직장암, 자궁내막암의 위험도를 증가시킨다. 비만은 유방암, 자궁내막암, 신장암의 위험도를 증가시킨다. 운동이 결장암의 위험도를 감소시키는 것도 강조되고 있다. 흡연과 음주는 많은 암의 위험도를 증가시킨다.

▼ 표 2.5 생활습관과 암

	주로 암 발병 위험률을 감소시키는 항목											암 발병 위험률을 증가시키는 항목														
암발생부위	야채	과일	카로티노이드*8	비타민C*8	미네랄*8	곡류	전분	식이섬유	차	신체활동	냉장고*9	식염·염장	육류	난류	총지방·포화지방산	콜레스테롤	우유·유제품	설탕	커피	오염	조리법*7	뜨거운음식	비만	체격	알코올	흡연
구강·인두	-3	-3		-1																		+1			+3	↑↑↑
비인공												+3 *2														↑↑
후두	-2	-2																							+3	↑↑↑
식도	-3	-3	-1	-1			+1															+1			+3	↑↑↑
폐	-3	-3	-2	-1 Se	-1					-1					+1	+1									+1	↑↑↑
위	-3	-3	-1	-2		-1 비정맥	+1		-1		-3	+2								+1						
췌장	-2	-2	-1					-1					+1			+1										↑↑↑
담낭																							+1			
간장	-1																			+2 *4					+3	
결장·직장	-3		-1				-1	-1		-3 *1		+2	+1	+1		+1				+1		+1		+1 *5	+2	↑
유방	-2	-2	-1					-1		-1					+1	+1							+2	+3 *6	+2	
난소	-1	-1																								
자궁내막	-1	-1													+1 *3								+3			
자궁경부	-1	-1	-1	-1																						↑↑↑
전립선	-1												+1		+1		+1									
갑상선	-1	-1			+1 요소																					
신장	-1												+1				+1						+2			↑
방광	-2	-2																	+1							↑↑↑

*1. 결장암인 경우 *2. 염장생선 *3. 포화지방산 *4. Aflatoxin *5. 성인기의 신장이 크다. *6. 성장이 유유아기에 급속도로 일어난다. *7. 굽기(grill, broil, barbegue) *8. carotenoid 비타민 C, 미네랄은 영양제로부터가 아니고 식품에서 섭취한다. *9. 냉장고의 보급이 염장 등의 전통형 식품보존법은 감소시키고 식품을 신선한 상태로 보존 가능하게 한다. 이것이 암예방에 기여하는 영양소 비영양소 성분의 변성을 방지하는 것으로 생각된다.

일본에서도 연령별 암부위 조정 사망률의 연차 추이 즉, 위암, 자궁경부암의 감소, 폐암, 결장·직장암, 유방암의 증가는 표 2.5와 1장에서 서술한(p.37)의 내용의 생활습관의 변화와의 관계를 설명하게 되었다.

[문헌]

1) 田中平三: 生活習慣病と成人病, 日本藥劑師會雜誌, 50, 685－694 (1998)

2) Food and Nutrition Board, Institute of Medicine: Dietary reference intakes for calcium, phosphorus, magnesium, vitamin D, and flouoride. (1997) National Academy Press (Washington DC)

3) 田中平三: 疫學入門演習 － 原理と方法 － (第3版), 南山堂 (1998)

4) 田中平三監譯: 食事調査のすべて － 榮養疫學 －, 第一出版 (1996) (Willett, W. S. 原著: Nutritional epidemiology. Oxford Univ Press, Oxford.(New York) (1989)

5) 田中平三監譯: 榮養疫學 － 可能性と限界 －, 日本國際生命科學協會 (1998) (Langseth, L. 原著: Nutritional epidemiology: Possibilities and limitations. ILSI Europe (Brussels) (1996)

6) Willett, W.: Nutritional epidemiology, Second edition. Oxford Univ Press, Oxford. (New York) (1998)

7) Tanaka, H. *et al*.: Nutrition and cardiovascular disease, a brief review of epidemiological studies in Japan. *Nutrition and Health*, 8, 107－123 (1992)

8) Seino, F. *et al*.: Dietary lipids and incidence of cerebral infarction in a Japanese rural community. *J. Nutr. Sci. Vitaminol.*, 43, 83－99 (1997)

9) Matthew, W. *et al*.: Inverse association of dietary fat with development of ischemic stroke in men. *JAMA*, 278, 2145－2150, (1997)

10) 木村修一, 小林修平翻譯監修: 最新榮養學, 第7版 － 專門領域の最新情報 －, 建帛社 (1997) (Ekhard, E. *et al*. 編, 原著: Present knowledge in nutrition, Seventh edition, ILSI, (Washington DC) (1996)

11) World Cancer Research Fund in Association with American Institute for Cancer Research: Food, Nutrition and the prevention of cancer, A global perspective. World Cancer Research Fund: American Institute for Cancer Research, (Washington DC) (1997)

3

영양과 건강(2)

— 식품 성분의 역할 —

Ⅰ. 머리말

영양과 건강은 떨어져 생각할 수 없이 밀접한 관계를 이루고 있어 식생활을 통해 건강의 실현이 영양이라고도 애기할 수 있다. 따라서 영양은 "무엇을" "얼마만큼" "어떻게" 먹을 것인가 하는 문제에 귀착한다. 필수라고 생각되는 영양소 "무엇을" "얼마만큼" 먹어야만 좋은가에 대하여 일본인 영양소요량[1] (1999년 4월의 시점으로 가장 새롭게 제5개정판이 있지만, 1999년도에 그다음의 개정이 예정되고 있다.)에 표시되고 있지만 식품으로서 "무엇을"이라고 물으면 이 단계에서 영양소에서 식품으로의 전환이 필요하게 된다(이에 더하여 식품을 재료로서 식사의 형태로 전환하는 데에는 조리라는 과정이 존재한다.). 그것을 위한 자료로써는 식품 성분표가 있다. 영양사들은 이 2가지의 기본 재료로부터 식단을 작성하고 있다. 또 식단 작성을 컴퓨터로 작업하는 사람을 위해 프로그램도 시판, 배포되고 있다(예: 堤裕昭 鈴木 公: 熊本縣立大[3]). 그러나 일반 사람들에 있어서 좀더 간편하게 이용할 수 있는 방법이 필요로 하게 되고 이 목적을 위해서 일본 영양사회의 "100 kcal 식품성분표"[4] "Diet design book"[5] "Diet design house" 등이 있다. 일본인 영양소요량[1]에 표시되어 있는 것은 1일의 양이기 때문에 3회의 식사에 적당하게 배분하지 않으면 안 된다. 다만 **"무엇을"**에 대해서는 영양소만을 고려할 것이 아니라 건강에 유용한 비영양소의 기능을 고려하여야 하므로 그 내용을 후에 기술하고자 한다. 또 **"어떻게"**에 대해서는 다음과 같이 설명할 수 있다.

▼ 표 3.1 정상 성인(70 ㎏)의 당질 저장[6]

간장 Glycogen	4.0% = 72 g	간장중량	1.800 g
근육 Glycogen	0.7% = 245 g	근육중량	35 kg
세포외 당질	0.1% = 10 g	총체적	1 L
총 계	327 g		

첫째는 이미 앞에서 지적하여 온 바와 같이 **아침식사의 중요성**일 것이다. 체내에 축적된 에너지로써의 glycogen은 반나절을 절식함으로써 고갈할 정도의 양밖에는 우리 몸에 저장되어 있지 않다(표 3.1). 아침식사를 먹지 않으면 기상 시점부터 오전 동안의 활동 억제를 초래한다. 또, 아침 식사를 거른 탓으로 식사 횟수가 감소하면 각종 영양소의 섭취를 만족시킬 수 있는 양이 부족하게 되며, 1일 30품목을 목표로 다양한 식품을 섭취하는 것이 어려워진다. 아침 식사를 먹고 안 먹는 시간의 차이는 수면 시간으로부터 초래된다. 현대인은 특히 젊은이들은 생활 형태가 저녁과 밤으로 활동 시간을 연장하여 사회 활동을 함으로써 나타나기 쉬운 현상이므로 주의하여야만 한다.

또 다른 하나의 문제는 **과식**이다. 다음에 서술하는 것과 같이 공과 사의 경계가 확실하게 되지 않게 된 현대에는 항상 과식을 할 수 있는 기회가 산재하여 있어 우리 자신들을 비만, 이어서는 생활습관병의 제1보를 걷게 한다. 과식은 산화 스트레스를 증대시키는 요인의 하나로 되고 있으며, 이 책에서 久保가 쓴 것과 같이, 이외 많은 연구자가 지적하고 있는 바 면역 능력을 저하시키기도 하고 담암을 앓는 동물의 생존 기간을 저하시키기도 한다. 또 고령자에게 있어서 과식은 소화 기관에 있어서 세포 간의 밀접한 결합을 약화시켜 단백질의 체내 침투를 허용하는 결과를 초래한다는 보고도 있어 이러한 의미에서도 과식은 좋은 행동이 아니다.

이에 더하여 또 다른 문제는 **씹는 것의 중요성**일 것이다. 저작은 식품을 잘게 하는 것으로 소화 효소와 식품의 접촉을 증가시켜 소화를 돕는 것만이 아니고 타액을 분비시켜 소화 호르몬·효소의 분비를 촉진하고 이에 더하여 충치를 예방하는 효과도 있다. 또 뇌 혈류량을 증대시켜 노화 방지를 하는 등 총합적인 효과를 가져오고 있다.

정신·신경과와 소화의 관계에서는 기호품이나 맛있다고 생각되는 식품에 대해 췌장액의 분비가 많아진다는 보고도 있다. 내분비계나 면역계는 뇌·신경계와의 연대를 가지고 있다(그림 3.1). 부교감신경이 우위이며 소화활동에 교감신경이 항진된 상태에서 식사가 좋다고는 생각하기 어렵다. "**즐겁게, 천천히 식사를 한다**"는 의미는 충분히 고려되어야 할 사항이다.

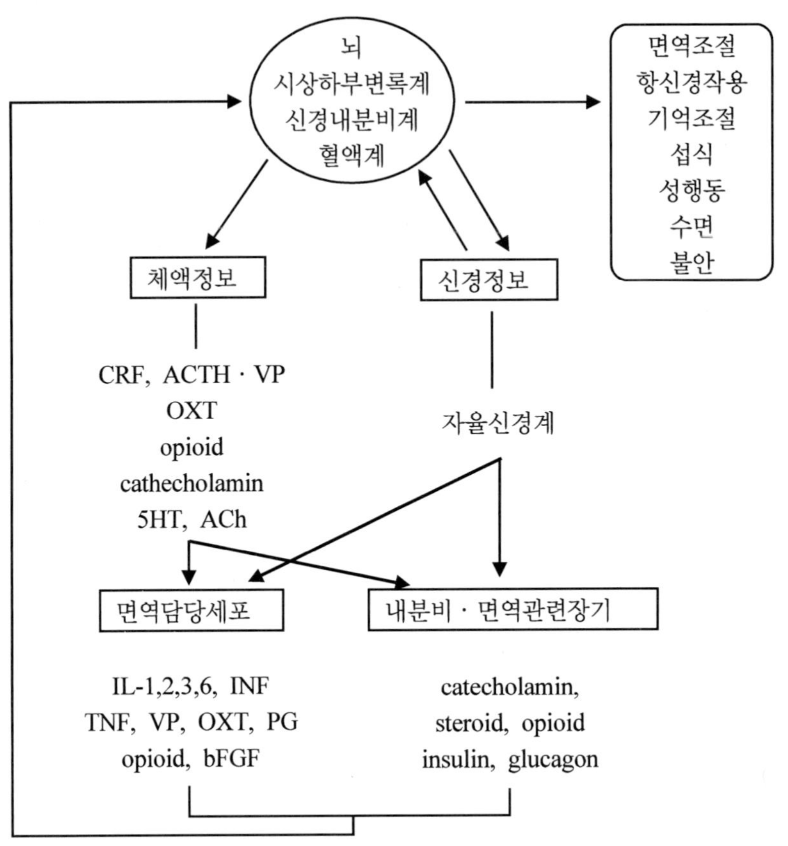

ACh: Acethycholin
ACTH: 부신피질 자극 호르몬
bFGF: 염기성 섬유아세포 증식인자
CRF: 부신피질호르몬 자극 호르몬 방출인자.
5 – HT: 5 – Hydroxytryptophan
INF: Interferon
OXT: Oxytocin
PG: Prostaglandin
TNF: 종양괴사인자 Tissue necrosis factor
VP: Vasopresin
IL: Interleukin

그림 3.1 뇌 – 신경계, 내분비계, 면역 담당 세포계, 3자의 상호관계(大林[8])

Ⅱ. 단백질의 역할과 영향

　단백질은 먼저 근육 또는 결합 조직 등의 신체의 주요한 구조적 구성 성분으로 촉매 작용과 그의 조절(효소, 저해제, 조절분자)·정보전달(peptide, hormone, cytokine, 수용체, 세포 내 정보전달인자)·생체방위(면역 글로불린, 혈액응고 인자) 등 동적인 기능을 가진 것은 잘 알려져 있다. 체단백질은 그 양이 10 kg에 달하며, 1일 합성/분해량은 250 g에 달하여 동적 평형을 유지하기 위해 1일 70 g 정도의 단백질의 섭취가 있으면 그에 상당하는 질소 화합물이 요소를 주 물질로 하여 체외로 배설된다(그림 3.2). 또 이 이상의 섭취를 해도 체내에서 필요로 하는 양 이상은 배설되고 체내에 축적되지 않는다. 따라서 저단백질 식이의 섭취를 하면 질소의 배설량이 저하한다. 식사 단백질은 체내의 단백질 원료로서 아미노산을 제공하는 것이 첫 번째로 갖는 중요한 역할이다. 단백질은 아니지만 아미노산을 직접 재료로 하는 생체방어 peptide인 glutathion, 그 외 peptide합성 등도 이 범주에 들어갈 수 있다. 그 외 아미노산을 출발 재료로 하는 체 성분도 있으며 예를 들어 각종 아미노산의 탈탄산 반응 등으로 생기는 생리활성 아민(γ-아미노낙산, 멜라토닌, 세라토닌, 히스타민, 티라민, 카테콜라민 등) 라이신에서 칼시토닌, 핵산 염기를 구성하는 질소·탄소 원자도 아스파라긴산, 글리신, 글루타민 등, 아미노산에서 유래하는 것이 많다. 근육의 저장형 에너지인 크레아틴 인산을 구성하는 크레아틴은 아르기닌과 글리신으로부터 유래하며, 각각 heme으로 되어 단백질과 결합하고 산소 운반과 저장 또는 산소의 이용 등에 중요한 기능을 수행하는 폴피린은 그리신을 원료로 한다.

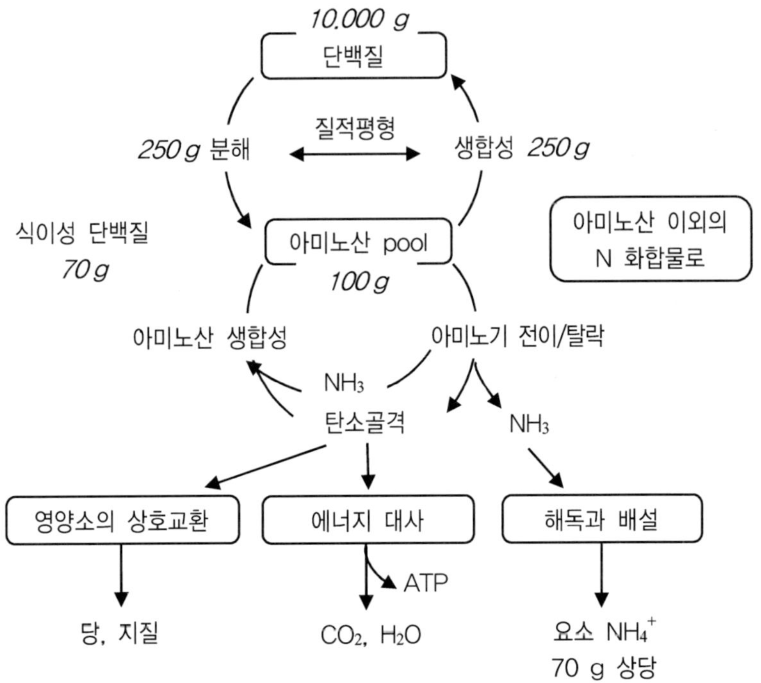

그림 3-2 단백질/아미노산 대사

또 당을 원료로 하는 아미노산의 탄소 골격은 저혈당일 때 당 신생의 원료로도 된다.

단백질의 소요량은 에너지와 양질의 단백질을 필요 충분한 만큼 섭취하면서 체외로 소실되는 부분을 보충하는 형태로 표시된다. 건강한 사람을 대상으로 현재의 식량 공급의 상황에 맞춘 형태로 되고 있다. 이것에 일상 섭취하는 단백질의 질을 보정하고 스트레스에 대한 안전율을 가미해서 구체적인 값을 표시하고 있다.

$$0.64 \times 100 / 85 \times 1.1 \times 1.3 \fallingdotseq 1.08 \, (g / kg/ \, day)$$
$$\quad\; a \qquad\quad b \qquad c \quad\; d$$

a) 양질의 단백질의 평균 질소 평형 유지량(평균 단백질 필요량):
0.64 (g/kg/day)
b) 일상 섭취 단백질의 양질 단백질에 대한 상대적 이용 효율: 85%
c) 스트레스 등에 대한 안전율: 10%
d) 개인 간의 변동 계수의 2배 값: 15% × 2 = 30%

각각의 단백질의 영양가에 대하여 포함되어 있는 아미노산의 조성과 함량으로 평가된다. 히스티딘에 대해서는 유아에 있어서 필수 아미노산으로써, 그리고 최근에는 성인에 있어서도 필수라고 하는 평가의 변천을 거쳐 왔지만 이것은 필수성의 판정이 단지 "성장이나 질소 출납뿐만이 아니고 혈중 유리 아미노산 농도, 혈중 요소 농도, 헤모글로빈 농도, 혈중 효소 활성, 그 외 각각의 지표가 측정되게 되었기(吉田 昭 名古屋文理短大)[9]" 때문이다. 그 배경으로써 순도 높은 결정 아미노산 혼합물을 이용한 경정맥 영양, 경장영양의 진보가 있었다.

단백질 결핍의 영향은 면역 능력의 저하, 삼투압 조절이 부적절하여 생긴 부종, 빈혈, 월경불순, 유즙 분비부족, 등이 잘 알려져 있다.

단백질의 섭취량은 그 지역의 경제적인 발전의 정도에 따라 비례한다고 생각된다. 경제적 풍부함을 이루게 되면 공과 사의 경계가 불명료하게 되고 맛있는 요리를 대접한다는 내용은 지방과 단백질에 지방성 단백질의 증가와 보충이 가능하게 할 것이다. 「동물성 단백질이 30%로 된 시점에서 제한 아미노산은 존재하지 않게 되었다(1953년). 거의 모든 국민을 위해서는 40%가 타당할 것이다. 40~50%가 적당할까?」와 「일본인의 영양 소요량」이 갖고 있는 (「동물성 단백질 비율이 40%에 가깝게 그리고 그 나라가 경제적으로 올림픽 개최가 가능하도록 된다」라고 하는 山口 迪大 (實踐 女子大)의 흥미 있는 지적이 있다.[10])

경제적인 발전은 동시에 사회 자본의 정비를 통해서, 위생 환경이나 의료 환경의 질 향상을 가져오고 이들의 요인이 감염증의 격감과 그것과 동반되어 평균 수명의 연장을 가져왔다. 어떤 의미에서는 사회 전체의 위상이 순환의 결과로 고령화 사회가 도래하였다. 그 요인의 하나로써 단백질의 섭취량의 증가가 후에 서술하는 것과 같이 포화지방의 섭취량의 증가를 초래하기 쉬운 것은 "일본인의 영양 소요량[1]"도 지적하는 것이고 주의해야 할 점이다.

한편 위생 환경의 향상과는 반대로 대기나 물은 화학적으로 오염되는 등의 자연 환경의 악화와 더불어 주거의 고기밀화와 같은 주생활의 변화 등의 원인 제공을 하였고 또 이유식의 조기실시 등이 더해져 단백질을 중심으로 식품 알레르기의 문제가 크게 대두되고 있다. 식품 알레르기의 원인 물질로써는 항원성이 높은 단백질, 즉 대두, 우유, 난단백질을 열거할 수 있는 이외에 쌀, 메밀 등의 곡류, 아몬드 등의 종실류, 그 외의 식품 단백질이 알레르겐으로서 동정되고 있다. 대두, 우유, 달걀은 영양가가 높은 단백질을 포함하고 있어 당사자 주변이나 치료를 받는 환자의 걱정이 크다. 알레르겐을 제거한 쌀 등, 원인물질을 제거하는 것에 의한 대책, 면역 관용을 이용한 치료의 시도 등, 대응이 계속해서 진행되고 있다. 알레르기 환자의 총수는 증가하고 있고, 원인 물질의 동정, 발증 기구의 해명과 그의 억제 등도 연구가 진전되고 있다. 체내에 있어서 단백질/아미노산 대사에도 연구가 진전을 보이고 있다. 최근 세포 내에 있어서 단백질 분해계로써의 proteasome의 존재가 발견되었다. 합성계의 상세한 연구에 비교하면 분해계에 있어서는 연구가 늦어지고 있지만 이 방면에서도 연구가 진전되고 있고 어떤 연구자는 단백질의 체내 동태는 분해계가 그 열쇠를 쥐고 있다고 하였다. 단백질 소요량의 결정법에 아직 의론의 여지가 남겨져 있다는 지적(岸恭一: 德島大醫學部)[13]이 있다.

Ⅲ. 지질의 역할과 영향

지질 중 신체에 다량으로 존재하는 중성 지방은 가볍고, 또한 소수성이 높은 에너지(9 kcal/g)의 저장 물질로서 역할을 하고 있다. 같은 에너지 저장체인 글리코겐이 그의 소수성 때문에 많은 결합수를 공존시켜, 에너지는 지방의 반 이하인(4 kcal/g) 것에 비하면 압도적으로 효율이 좋은 저장체라고 할 수 있다. 또 단열성이 풍부하기 때문에 방한서를 겸비하고 있다. 따라서 긴 인류의 역사 중에서 중성 지방을 축적하는 능력이 높은 것이 생존을 위해 유용하게 이용되었을 것으로 사려된다.

그러면서 기아의 걱정을 하지 않아도 되는 현대의 일본과 같은 선진 공업국에서는 과잉의 지방 축적이 여러 가지 문제를 불러일으키는 것은 주의할 만하다. 일본인의 식사 내용의 변화에 대응해서 지방의 에너지 영양소별 섭취 구성비는 26.5%에 달하고 증가 추세에 있다. 고지방 식이와 암의 관계는 유방암, 자궁암, 전립선암 등에 있어서 상관이 있다고 알려져 있으며 당뇨병도 또한 고지방식이와 관계가 있다고 보고되고 있다. 이와 같이 지질은 단백질과 나란히 성인병/생활습관병과 관련지어 많이 생각되는 영양소 중의 하나이다. 그의 과잉 섭취는 에너지의 과잉 축적을 초래하고 비만을 통해 생활습관병으로 되기 쉽다.

필수 지방산인 리놀산, γ리놀렌산, 아라키돈산의 결핍은 발육부전, 피부의 각화. 탈모 등을 나타내지만 불포화 지방산의 움직임에 대해서는 각 계열 지방산, 즉 $n-3$, $n-6$, $n-9$ 등의 움직임을 각각 정하지 않으면 안 된다. $n-3$계 지방산은 대표적으로 식물유에 $a-$리놀렌산, 어유로써는 에이코사펜타엔산(EPA), 도코사헥사엔산(DHA)이지만 이들은 혈전 형성을 억제적으로 작용하기 때문에 순환기계의 혈전증, 즉, 협심증·심근경색·뇌경색 등의 예방에 작용하는 것으로 알려져 있다.

"일본인의 영양 소요량[1]"에서는 포화 지방산·일가 불포화 지방산·다가불포화 지방산의 이상적인 섭취 비율은 1:1.5:1로써, 다가 불포화 지방산에서는 $n-6$계·$n-3$계를 섭취상황이 4:1로 문제시되고 있지 않다. 이 값을 2:1(奧山治美: 名古屋市大)[14]이 이상적이라고 주장하는 설도 있지만 다른 지질의 섭취상황(양과 질)을 함께 고려해서 일본의 건강한 정상인에서는 4:1로 문제없다고 하는 (管野道黃: 熊本縣立大[15])것을 알고 있다.

DHA의 특수한 역할은 뇌에 있어서 움직임, 시력, 공격성 억제[16,17] 등을 들고 있다. 일반의 지방산은 그의 이중 결합에 있어서 cis형의 배치를 취하지만, 일부의 식물유지(elaidic acid)이나 수소첨가 가공유지는 trans형 배치를 취하는 trans지방산을 포함한다. trans지방산은 cis형 지방산과 같이 대사되지만 건강에 미치는 영향에 대해서는 일본인의 섭취량에 문제가 없다고 말한다. 또 반추 동물의 장내 세균의 활동에 유래한다. 따라서 낙농 제품이나 쇠고기에도 포함되는 리놀산은 dien형의 trans산이고 암세포 증식억제, 혈청 콜레스테롤 저하, 항동맥경화, 항산화 등의 생리기능을 저농도로도 나타내는 것으로부터 주목되고 있다. 다만, 일본인은 섭취량이 적기 때문에 이러한 효과를 기대하기 어렵다. 지질이 알레르기의 발증에 미치는 영향에 대해서도 연구가 진행되고 있지만, 이것은 다음에 서술하는 eicosanoid와 관련이 있다.

지질은 중성 지방으로서의 역할을 하면서 또한 복합 지질로서 세포막 성분을 구성한다. 이 세포막에는 지방산, 예를 들어 아라키돈산은 정보 분자의 작용에 대응하여 막에서 분리된 후에 eicosanoid 등으로 변환되어 세포 내 전달 분자로서 생리 작용을 발휘한다. 또한 정보 전달계에서 중요한 역할을 하는 것이 증명되고 있다. Eicosanoid (prostagladin family, thromboxane family, leukotriene family)는 그 종류도 다양하며, 평활근 수축, 혈소판 응집이나 염증 등에서 여러 형태의 생리 활성을 나타낸다. $n-6$지방산의 섭취 과잉은 아라키돈산 유래의 eicosanoid의 과잉 생산으로 이어지고 알레르기를 증가, 또한 악화시키는 원인으로 작용하며 $n-3$지방산은 이들 작용에 길항적으로 작용한다(그림 3.3).

또 지질 중 콜레스테롤은 순환기계 질환의 중요한 인자로 생각되고 있지만 식사로부터 섭취하는 양보다도 체내에서의 합성량이 훨씬 많다. 이외에 막의 중요한 성분으로 작용하는 담즙산이나 스테로이드 호르몬(성선 호르몬, 부신피질 호르몬), 비타민 D의 원료로써도 중요하다. 고콜레스테롤 혈증은 220 ㎎/dL 이상을 그 농도로 나타내지만, 그의 콜레스테롤을 포함한 리포 단백질의 종류와 농도에 대해서도 검토할 필요가 있는 것은 주의할 점이다. 순환기계 질환 예방을 위해 혈중 콜레스테롤 농도의 저하는, (1) 장관에서 콜레스테롤의 흡수저해 (2) 장으로 콜레스테롤의 배설 증대 (3) 세포의 콜레스테롤 합성 저해 등의 경로를 통해서 행해졌다. 콜레스테롤을 저하시키는 식사 성분으로는 식물 섬유, 대두 단백질, 식물 콜레스테롤, 리놀산, 올레인산 등을 들 수 있다.

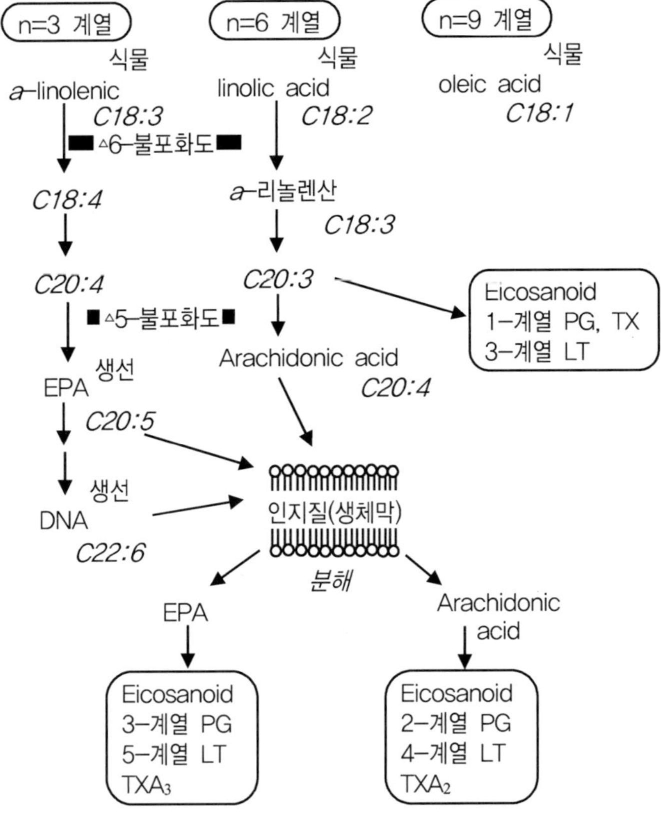

그림 3.3 지방산 사슬의 연장 · 불포화와 eicosanoid 생산(池田[19])

죽상 동맥경화증의 발증에는 단지 LDL 농도가 높기 때문만이 아니고 그의 산화 정도가 중요하게 작용하는 것을 알았고 그 산화를 방지하는 것이 순환기계 질환의 예방으로 직결된다. 즉 지방 축적에 관련해서 지방세포가 생산하는 호르몬인 leptin이 식욕 중추에 작용하는 것이 해명되고, leptin을 code하는 유전자인 비만유전자[20]의 존재가 알려지고 분비세포로서 비만세포의 움직임에 주목을 모으고 있으며, 이들 해명함으로써 비만 현상을 해명하려고 연구가 진행되고 있다.[21)

Ⅳ. 당질의 역할과 영향

당질, 전분은 긴 인류의 역사의 흐름에서 주식으로 이용되어 왔으며, 세계의 각 지역에 맞는 곡류(쌀, 보리, 좁쌀, 피, 메밀)나 서류(고구마, 감자, 토란)를 중심으로 양적으로 많이 섭취되어 왔다. 그러나 경제적인 발전을 동반해서 노동이 기계화로 바뀌면서 주식으로써의 전분의 위치는 약해지고 섭취량은 저하하였다. 일본에서도 쌀 소비량이 감소 일변도에 있다.

당질은 영양소로써의 제1의 역할은 에너지원으로 활용되는 것이며 통상의 생활 조건에 있어서 뇌나 적혈구의 유일한 에너지원인 글르코즈의 직접적 공급원이다. 이것을 단적으로 나타낸 것은 식사에 차지하는 당질의 역할과 신체 성분에 있어서 당질의 비율을 비교해 전자(수분제거)에서는 당질은 약 60%이지만 후자(수분제외)에서는 1%에 지나지 않는다는 것이 사실이다. 이러한 것으로부터 식이 당질은 고혈당이 문제로 되는 당뇨병에 영향이 가장 크다고 생각되어 왔다. 그러면서 당질 섭취량이 낮아지는 것과 함께 지질, 단백질량의 섭취 증가와 당뇨병 이환자 수의 증대라고 하는 결과에서 지금까지 당질을 나쁘게만 보던 견해의 변화가 있다.

따라서 여기서 당뇨병을 예로 인용하는 것에는 큰 의미는 없지만 다음과 같이 서술한다. 현재 일본인 중 690만 명이 당뇨병에 걸렸을 확률이 높고 그 가능성을 부정할 수 없는 사람을 포함하면 1,370만 명에 달하고 당뇨병 예비군은 600만 명을 훨씬 넘을 것으로 추정된다. 당뇨병에는 여러 가지 원인이 생각되고 있지만 인슐린의 분비량이 절대적으로 적고 체외에서 인슐린을 보충하지 않으면 죽음에 이르는 인슐린 의존성 당뇨병(IDDM)은 인슐린의 생산 분비는 정상이지만 그 작용이 부족하다. 혹은 감수성이 부족하고 있는 인슐린 비의존성 당뇨병(NIDDM)이 있다. 당뇨병에 의한 합병증은 글르코즈 독성이 나타난다고 생각되고 장기간에 걸쳐 고혈압 상태에 노출되면서 당뇨병 망막증, 신장병, 신경장해(3대 합병증)를 시작으로 여러 가지 장해가 생긴다(그림 3.4).

혈당치 160~200 ㎎/dL 전 후로부터 출현하는 각종 변화(山內)[22]는 고혈당 상태에서 일어나는 당화(glycation)로써 glucose와 체 단백질이 식품의 갈색 반응에서도 유명한 멜라노이드 반응을 경유해서 반응이 최종적으로 화합물 AGE (advanced glycation endoproducts)를 생성한다(그림 3.5). 이 AGE는 다음 단계의 반응을 유도하며 합병증 진전의 원인으로 되고 있다.

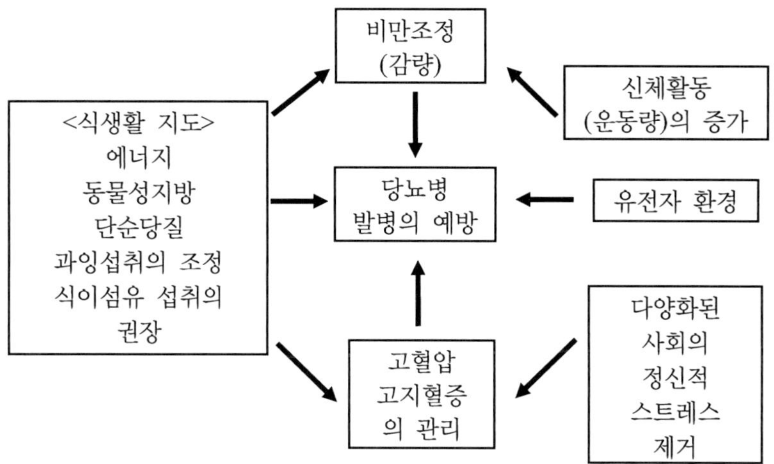

그림 3.4 혈당치 160~200 ㎎/dL 전후부터 출현하는 각종 변화(山內[22])

(1) 해당계의 변화

(2) 폴리올 대사계의 활성화(sorbitol 등의 증가)

(3) Glycation(당화 단백질의 증가)

(4) 뇨세관의 기능 이상(각종 대사물, 미량 금속의 노출)

(5) 태아에의 영향

　전분은 사람 소화 효소의 작용을 피하여 대장에 도달해서 장내 미생물의 작용을 받아 분변량의 증가 등 식이섬유와 같은 기능을 나타낸다. 즉 resistant starch · resistant dextrin이 존재하는 것을 알고 그의 기능에 주목이 집중되고 있다.[24]

　소당류, 즉 올리고당이 나타내는 작용에 대해서는 저칼로리 또는 비칼로리성, 항상성, 식이섬유성 작용(혈당 상승억제, 인슐린 절약작용, 콜레스테롤 상승억제), 장내 세균의 개선 등이 시사되고 있고 식품 공업 분야에서도 많이 이용되고 있다.

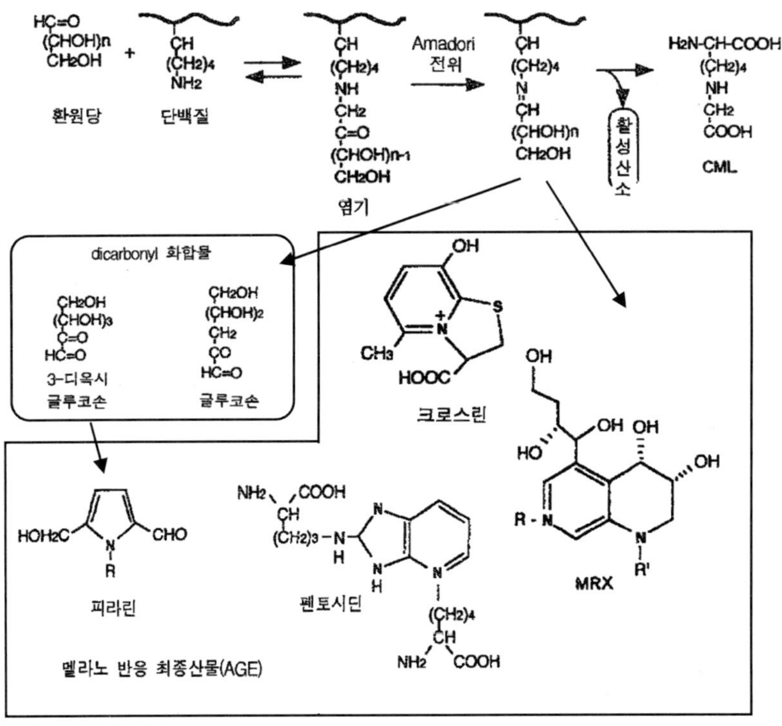

그림 3.5 생체 내 Melanoid 반응과 Free radical 생성의 연관성(大澤[23])

V. 비타민의 역할

현재까지 확정되어 있는 중요한 비타민의 기능을 열거하면 표 3.2와 같다.

▼ 표 3.2 비타민의 기능

---

* 비타민 A: 시각, 세포분화, 배발생
* 비타민 D: 칼슘대사
  비타민 E: 항산화 비타민(특히 지질, 지용성 물질)
  비타민 K: 혈액응고, 골 형성
* 비타민 B_1: 에너지 대사, 특히 당질 대사의 보효소
* 비타민 B_2: 에너지 대사, 산화 환원 반응의 보효소
* Niacin: 에너지 대사, 산화 환원 반응의 보효소
  비타민 B_6: 아미노산을 중심으로 한 대사 반응의 보효소
  비타민 B_{12}: C_1기 전이반응의 보효소, 수소전이 반응의 수소운반체
               엽산 C_1기 전이반응의 보효소
* 비타민 C: 항산화 비타민, 수산화 반응의 기질
            (Collagen 생성, Cathecholamin합성 Carnithin 합성 등)
  Biotin: 탄산고정반응의 보효소
  Pantotenic acid: 보효소 A의 성분으로서 에너지 대사에 관여

---

* 는 소요량이 표시되어 있는 영양소

VI. 무기질의 역할

중요한 무기질에 대해서는 소요량(칼슘, 철), 목표 섭취량(나트륨, 포타슘, 인, 마그네슘)이 정해져 있고, 미량원소에 대해서도 그 기능이 명확해지고 있다. 과잉 섭취로써는 나트륨, 인이 섭취 부족으로는 칼슘, 포타슘, 마그네슘이 대표적인 무기질이고 나트륨, 포타슘은 고혈압, 인은 칼슘대사에 관련해서 골조발 증, 마그네슘은 순환기병과 관련이 지적되고 있다(표 3.3).

▼ 표 3.3 사람에 있어서 생리학적 의미를 갖는 미네랄

			화학 성상	생체 내 존재량(성인)	중요한 생체 내 분포와 생물학적 의의	결핍증	과잉증	영양소요량 (성인 남자)
중요 미네랄	칼슘	Ca	경금속	1 kg	골, 세포외액, 혈액응고, 정보전달 세포흥분 외	골조발증		600 mg
	인	P	비금속	600 g	골, 세포외액, 세포막, 에너지전달계, 정보전달계 외		골조발증	<1,300 mg*
	Potassium	K	경금속	150 g	골, 세포외액, 세포내액, 세포 내 침투압 조절	본태성 고혈압증		2~4 g*
	유황	S	비금속	110 g	아미노산, 단백질			–
	염소	Cl	비금속	85 g	세포외액, 체액량조절, 침투압 조절	저장성 탈수	고혈압증	NaCl 10 g*
	나트륨	Na	경금속	60 g	세포외액 체액량 조절 침투압 조절	저장성 탈수	고혈압증	NaCl 10 g*
	마그네슘	Mg	경금속	25 g	골, 세포내액, 효소	순환기계 질환		300 mg*
필수 미량 원소	철	Fe	중금속	4 g	적혈구 헤모글로빈 근육 미오글로빈 효소	빈혈	헤모디데 로데스	10 mg
	아연	Zn	중금속	2 g	효소	피부염 미각장애		15 mg**
	동	Cu	중금속	80 mg	효소			
	망간	Mn	중금속	15 mg	보효소		만성망간 중독	
	요소	I	비금속	15 mg	갑상선 호르몬	갑상선종	갑상선종	>0.1 mg**
	세린	Se	비금속	13 mg	효소	극산병 신근장해		
	몰리브덴	Mo	중금속	9 mg	효소			
	코발트	Co	중금속	2 mg	비타민 B_{12}		코발트 중독	
	크롬	Cr	중금속	2 mg	내당능 인자		만성크롬 중독	

* 목표섭취량, ** 추천량

石森英治・森井活世(阪市大医學部): "미네랄과 질환", Food style 21. 2(9). 33(1998)에서 발췌

Ⅶ. 식이섬유의 역할

장의 연동운동을 활발하게 하기 위해 정장 작용이 있는 정도의 역할밖에 생각되고 있지 않았던 식이섬유가 더 넓은 범위의 건강유지의 기능을 갖는 것이 명확하게 되었다. 식이섬유는 콜레스테롤의 흡수 저해와 배설 촉진, 혈당치의 상승 억제와 인슐린 절약작용, 내인성 외인성 발암제의 흡수 저해와 배설 촉진, 장내 세균작용의 개선 등의 기능을 가지고 있다(그림 3.6).

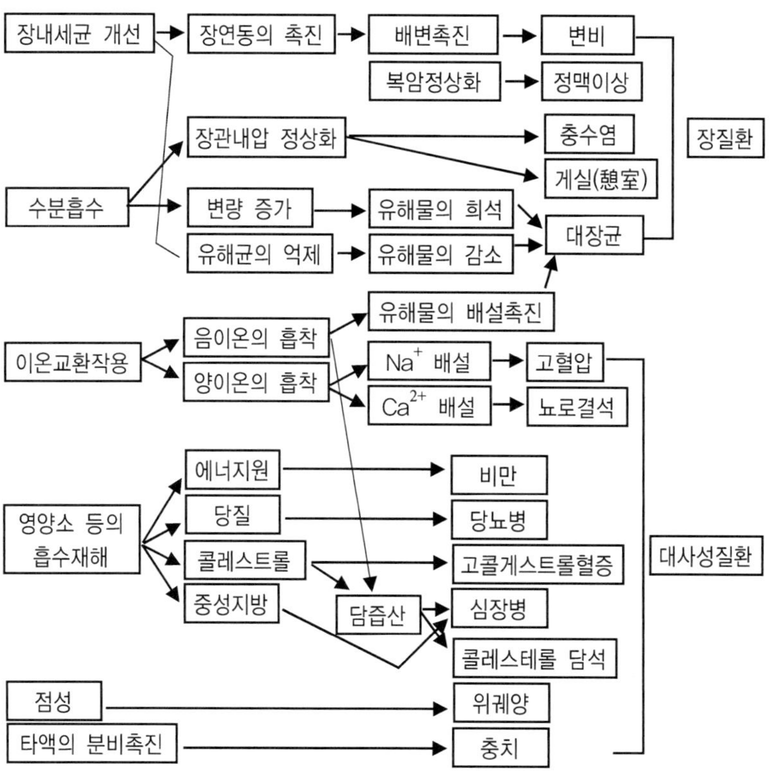

그림 3.6 식이섬유의 기능(辻[27])

식품의 가공도가 올라가면 식이섬유의 함량은 일반적으로 저하한
다. 미각의 추구가 식품가공에 있어서 식이섬유 함량을 저하시키는
방향으로 움직이고 그 결과 식이섬유 섭취를 저하시킨 것은 부정하
지 않는다. 식이섬유의 섭취량은 장기적으로 저하의 경향에 있고 생
활습관병(순환기병, 당뇨병, 암) 증가의 하나의 원인으로 되고 있다
고 생각되고 있다. 곡류, 서류, 종실류, 야채, 과실, 해초류의 섭취에
의해 식이섬유의 섭취가 확보되었다(표 3.4). "일본인의 영양 소요
량"[1]에서는 목표 섭취량을 성인 20～25 g (10 g/1,000 kcal)으로 하
고 있다. 상술한 것과 같이 올리고당이나 resistant starch, dextrin 등
도 식이섬유상의 기능이 있다.

▼ 표 3.4 식이섬유의 분류(와 중요 함유식품)

불용성 식이섬유	고분자 수용성 식이섬유	저분자 수용성 식이섬유
식물성 셀룰로즈(곡류, 야채) 헤미셀룰로즈(녹두, 밀기울) 리그닌(코코아, 야채) 한천(홍조류) Resistant starch (곡류, 서류, 콩류) 동물성 키친(게, 새우) 콜라겐(육류)	펙틴(과일, 야채) 구아감(구아 콩) 글루코만난(곤약) 알긴산 나트륨(갈조류) 콘드로이틴 유산(어육)	저분자 알긴산(갈조류) 저분자 구아감(구아콩) 불소화성 덱스트린(빵) 폴리덱스트로즈 (음료, 과자) 올리고당(음료, 과자) Sorbitol(과일)

출처: 辻啓介 (姫路工大环境人間 學部): 「食物纖維に よる 腸機能の 改善」, Food
Style 21, 2 (8), 39 (1998)

Ⅷ. 그 외 기능성 성분의 역할

식품에 함유되어 있는 비영양소적인 성분이 건강을 지키는 것은 알고 있는 사실이지만 이 분야에 관한 연구가 활발했다는 것은 藤卷 등의 제창에 의해 식품의 3가지 기능, 즉 영양기능, 감각기능, 생체 조절기능이 명확하게 의식되게 된 후의 일이다. 제3의 기능에 관한 연구는 그 후 질적 양적인 확대를 계속해 이미 존재하는 일본 영양식량학회, 일본 농예화학회, 일본 식품과학공업회와 같은 관련 학회에 있어서도 또 하나의 영역을 확립할 뿐만 아니라 Japanese Society for Food Factors (JSoFF)와 같은 학회의 탄생으로 결실을 맺어 그 국제적인 활동도 활발하다.

Functional food라고 하는 말은 일본어의 "기능성식품"을 영어로 번역한 것이지만, 사용하는 사람에 따라 해석의 폭을 넓혀가며 국제적으로 정착하는 것으로 보여진다. 생활습관병의 예방 관점에서 많은 식품과 유효 성분이 그 효과에 대해 검색되고 있다(식이섬유나 올리고당의 역할에 대하여 이미 서술하였다). 이들이 효과를 나타내는 기작은 상호관련이 있는 것이지만 항산화(항활성산소 또는 항라디칼), 항발암, 항당뇨(합병증), 항고지혈, 항동맥경화, 항뇌질환, 항자외선, 노화방지, 항알코올(간장보호), 등의 관련성에 대해 검색이 행해지고 있다. Life style에 관련한다고 하는 의미는 생활습관병으로 분류 가능한 알레르기에 대해서도 식사에 의한 예방으로의 연구가 진전되고 있다.

활성 산소종을 포함한 free radical은 산소를 이용해서 생활하는 사람을 기초로 호기성 생물에게 있어서 득실의 양면성을 가지고 있다. Radical이 원인이 되어 일어난다고 생각되는 질병도 상당히 많다(표 3.5). Radical의 유해한 작용으로부터 신체를 방어하는 것에 의해 특히 생활습관병을 예방하는 것에 초점을 둔 식품개발 연구의 현상에 대해서는 "성인병 예방의 식품개발"[29]이라는 책이 출판되어 있다. 이 책의 내용 중 주요 부분을 발췌하여 표 3.6에 수록하였다. 또한 표의 내용 중 2가지를 지적해서 설명하고자 한다.

▼ 표 3.5 Free radical이 관련한다고 생각되고 있는 질환

광의의 질환	협의의 질환
뇌신경 질환	파키슨병, 알츠하이머형 – 치매, 근위축성 축소 경화증, 외상성 간질
안 질환	백내장, 망막철청증, 미숙아 망막증
호흡기 질환	흡연에 의한 기도 장해, 폐색성 폐질환, 성인호흡 압박증후군, 독물, 약물에 의한 폐상해
순환기 질환	허혈성 부정맥, 심근경색, 고혈압
소화기 질환	위, 장, 췌, 간, 담낭, 담관
신장 질환	사구체신염, 당뇨병성 신증, 신부전, 뇨독성
당뇨병	실험적 당뇨병 모델, 당화와 합병증
알레르기, 류마치스 질환	알레르기, 만성관절 류마치스, 그 외의 면역복합체병, 면역부전
전신성 염증반응 증후군, 다장기 부전	전신성 염증반응 증후군, 쇼크, 다장기부전, 심종성 혈관내응고 증후군, 성인호흡 압박증후군
발암과 암 예방	암의 발생, 암의 예방
AIDS	HIV와 cytokine, 활성산소, AID의 발생기전, AID의 치료
Prion병	프리온병의 감염인자, 프리온병과 활성산소

* 吉川敏―[28]: "Free – radical의 의학"; 진단과 치료사(1997)에서 발췌

▼ 표 3.6 항 Free radical성에 의한 성인병 예방이 연구되고 있는 식품(문헌[29])

식품종류	중요 유효 성분	연구자(소속) 문헌번호	개요
동물	pytogen 생산 기능의 부여	西野輔翼[49] (京府医大)	항산화
포도씨 포도껍질 와인	폴리페놀	佐藤充兑[29] 메르샨	활성산소, Radical 소거법
카카오	폴리페놀	瀧澤登志雄[56,57] 메이지제과	리놀산 산화억제, VE 결핍산화 스트레스 억제, 알코올성 위점막장해 억제, LDL 산화억제, 호중구 활성산소 생산 억제, 림프구 증식억제, IgG 생성억제
깨	리그난	姜明花, 大澤俊彦[58] (名大院生命農學)	LDL 산화억제, 고 CHOL 토끼 동맥경화 억제
차	카테킨 테아푸라빈	富田勳 (靜岡産業大學)	LDL 산화억제, BHP 유기과산화 반응억제, 장기 TBARS 억제, 암억제
아열대성 야채	1'–아세톡시챠비콜–초 산–에스테르	村上明, 大東肇[50,51] (近大, 京大院農學)	EBV 발현 억제, XOD 억제, NO 억제, 백혈구 산화 스트레스 억제, 마우스 피부 부종억제, 과산화수소 생성억제
대두	항산화 펩티드 Tyr–His–Tyr	村本光二, 軒原淸史[56,57] (東北大院農學, 島津總研)	리놀산 산화억제
팜유	캐로틴	村越倫明[62] (라이온 / 京府医大)	멜라닌 색소침착, 피부암, 일중항 산소소거능, UV피부과산화지질, 스쿠알린 과산화물 억제
파란콩	안토시안	津田孝範[59] (東海學園女短大)	리포소옴/radical 발생제계 항산화성, 자외선 장해 억제, 활성산소 보충성, Tyrosinase 활성저해, (*in vivo*작용포함)
해조	클로로필 유도체	坂田完三 (靜岡大農)[66]	리놀산 산화억제
레몬	에리오씨토린	三宅義明[53,54] (포카Coperation)	리놀산, 리포소옴 막, 토끼 적혈구막(혈압상승억제), LDL 산화억제
대두발효 식품	3–하이드록시 안토라닐산, 바닐린산, 2, 3–디하이드록시 안식향산	江崎秀男[55] (椙山女學園大)	대두유 항산화성, 토끼 적혈구막 8–hydroxy disein, genistein
생선기름	EPA, DHA	矢澤一良 (相模中研)[67,68]	중추 신경작용, 발암 예방, 항알레르기, 항염증, 항동맥경화

식품종류	중요 유효 성분	연구자(소속) 문헌번호	개요
감		吉川敏一, 增井康治[69,70] 內藤裕二 (京府医大)	Free-radical 소거 작용, 활성산소종 유도 세포장해보호, 배양 위암 세포 증식 억제
이류	견절균발효물질 프라보그라우신	石川行弘 (鳥取大教)	유지항산화성 lipoxygenase 저해

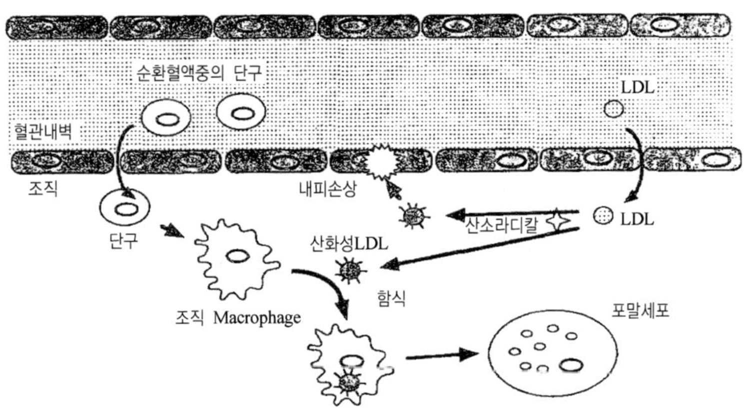

⇦그림의 단계를 비타민 E와 같은 항산화제나 HDL이 억제한다.

그림 3.7 동맥경화의 영향인자(포말 세포)(吉川敏一[35])

하나는 phenol성 화합물과 중복하는 부분도 있지만 광의의 flavonoid의 생리 생화학적인 작용이다. Flavonoid, polyphenol이 식품의 질(미각이나 색)을 저하시키는 성분이라고 하는 견해가 '기능성' 이전의 시기에는 압도적으로 많았다. 그러면서 flavonoid/polyphenol의 생리 생화학적인 효과에 관한 지식이 축적되어 약초, 와인, 탄닌 등에 대한 장기간의 연구 결과를 집대성한 유럽을 중심으로 건강유지 증진작용을 포함하는 기능성이 국제적인 학회도 개최할 수 있도록 되고 flavonoid, polyphenol은 식품 기능학의 중요한 일익을 담당하는 변화를 가져왔다.

▼ 표 3.7 특정 보건용 식품의 허가 내용과 허가 건수

(1998년 5월 20일 현재) 문헌 48에 보충

기능성물질	보건의 용도	식품의 형태 등	허가건수
올리고당 관계	장내환경의 개선	설탕 음료, 초콜릿, 요구르트, 비스킷, 프링, 정과	17품목 24품목
당알코올과 올리고당 혼합	충치의 감소	껌, 초콜릿, 사탕	4품목
대두단백질	콜레스테롤 대사 개선 (장관에 의한 흡수억제)	햄버거, 소시지, 닭튀김, 야채튀김	8품목
CCM, CCP	칼슘 보충(흡수촉진)	청량음료	6품목
식이섬유	배변성의 개선 (장내환경개선)	청량음료, 분말음료, 소시지, 즉석면, 콘후레이크, 인스턴트라면	26품목
	혈당상승의 억제 콜레스테롤 대사 개선 (장관의 흡수억제)	청량음료 비스킷, 소시지, 어묵	6품목 1품목
유산균류	장내환경의 개선	발효유	9품목
Heme 철	철분보급	청량음료	2품목
peptide	혈압상승억제	청량음료	2품목
배당체	혈압상승억제	차음료	1품목
유도지질	혈중 중성지방의 상승억제	조리유	1품목
		합계	108품목

이와 같은 변화를 추진한 중요한 연구 또는 논문은 Kunau,[30] Renaud 등[31]과 Frankel 등[32] 그리고 Hertog[33, 34] 등에 의한 것들이 있으며 Knuau의 논문은 flavonoid의 건강유지를 시사하고 Renaud는 "French paradox"라는 red wine의 순환기 질환 발증 억제효과를 시

사한 것이다. 표 3.7에 나타낸 바와 같이 죽상 동맥경화증의 발증에는 단순하게 LDL 수치가 높다고 하는 것만이 아니고 그 산화가 중요한 열쇠를 쥐고 있고 그 산화를 방지하는 것이 순환기계 질환의 예방에 필요하다. Hertog[33, 34]는 항산화성 flavonoid가 순환기계 질환이나 암을 예방하는 가능성에 대해서 검토한 Zutphen Elderly Study를 발표했다. 또 엽차 속의 카테킨 isoflavon의 항암성 등도 보고되고 있다.[36]

Isoflavonoid의 생리활성, 대사, 생리적 효과, 건강증진 효과에 대해서는 Manach,[37] Hollman,[38] Cook,[39] Hertog[39] Meltzer,[41] 津志田·蓧原 등[42] (農水省食總硏), 金澤[43] (神戶大農學部)가 총설을 썼다. 생리활성은 flavonoid의 *in vivo* 상태에서 움직임을 파악한 후에 그 중요성을 생각할 수 있다. 이 방면의 정보도 계속 보고되고 있으며(예를 들어 寺尾 純二: 德島大醫學部, 中山 勉: 靜岡縣立大), 성과가 기대된다.

Flavonoid는 aglycon보다도 glycoside가 흡수가 좋으며, glycoside 형태로 체내에 저장된다는 보고도 있다. 면역학적 연구에 의하면 flavonoid는 순환기계 질환 방지효과가 확실하나 사람에게 quercetin을 캡셀로 투여하면 혈장 농도가 상승해도 순환기계 질환의 위험은 저하하지 않았다는 보고도 있다[44]. 동물 실험에서는 flavonoid에 의한 사람의 암 예방에 대해서도 반드시 일치하지 않는다. 그러나 항산화성을 통해서 암의 억제에 적어도 보조 기능을 하고 있다고 생각한다.

Flavonoid에 관한 기록은 원저에서 1) 항산화성, 2) 암, 3) 알레르기, 4) 염증, 5) 면역, 6) 당뇨병 합병증, 7) 순환기계 질환, 8) 약리 작용, 9) 약물대사, 10) 항균의 분야를 언급하고 있다. 다만 항산화성은 그 외의 분야, 예를 들어 암, 알레르기, 염증, 순환기계 질환연구 등의 기초적 연구로서 이루어지고 있는 것이 대부분이다. 이것은 "성인병 예방의 식품개발"[29]이 radical의 발생억제/제거에 기초를 두고 있는 것의 일반적인 것이다.

Free radical과의 관련에서는 前田 浩[45] (熊本大醫學部)가 국내 상품으로, 大東 肇 등[46] (京都大農學部)이 동남아시아 생산품으로 각각 확실하게 증명한 바와 같이 채소 등의 항 radical성은 일광의 조사를 받은 부분에 활성이 높아지는 것을 발견하였고, 발생 원인인 자외선의 작용에 길항하는 물질을 채소가 생산하고 있다는 것을 시사하고 있다.

약리 작용을 갖는 제품으로는 안토시아닌을 고농도로 함유하는 캔 주스를 마시면 간 기능이 개선되었다는 보고[47]도 있다.

IX. 특정 보건용 식품

위의 VI ~ VIII에서 기술한 내용은 이미 특정 보건용 식품으로 후생성(특별용도 식품평가 검토회)의 허가를 받았고, 이들은 "특별용도 식품 중 식생활에 있어서 특정 보건의 목적을 취하는 것에 반하여 그 섭취보다 해당 보건의 목적이 기대되는 것을 말한다."가 1998년 5월을 기점으로 허가받았다. 그 108품목을 표 3.7에 나타냈다. 인터넷상의 후생성 홈페이지(http://www.mhw.go.jp/houdou/1005/h0520-1.html)에서 현재 허가되고 있는 품목에 대해서 보다 자세한 정보를 얻을 수 있다.

X. 맺음말

생명 현상은 유전적 요인과 환경적 요인의 상호작용에 의해 생기는 것이며 어느 정도 변동의 폭을 가지고 진행된다. 유전적 요인은 필연적이라고도 말할 수 있으며 유전자의 발현에 환경의 영향을 받은 결과 변동의 폭을 가지게 된다. 환경적 요인은 우연적 요인이라고도 표현할 수 있으며 예를 들어 식생활 환경처럼 선택 가능한 것도 있다. 따라서 생명 현상은 어느 정도 폭을 가진 필연과 우연의 총체적인 결과이다. 건강은 생명체로써의 사람을 영위하는 건전성의 발로이다. 환경적 요인의 주요 구성인자인 식생활에 의한 건강의 유지는 생명계에 대해 건강을 증진시킬 수 있는 요인을 증가시키고 건강에 해가 되는 요인을 감소시키는 방향으로 배려 해야만 한다. 이러한 배려와 함께 식품이기 때문에 식품이 갖는 3가지 기능(영양, 미각, 생체조절)을 잃지 않고 발휘하여야 한다.

전형적인 일본의 요리를 생각해 보면 개인이나 지역에 따라 다른 것은 당연하지만 두부와 미역과 버섯에 썬 파가 들어간 된장국, 오이와 식초 절임, 두부와 다시마를 삶은 것, 청어조림 또는 정어리의 소금구이에 넣은 무우와 레몬즙, 김과 어우러진 낫도, 쌀밥, 절임식품, 녹차, 식후의 사과나 귤을 더해 5대 영양소와 더불어 식이섬유, 그 외 몸을 조절할 수 있는 성분이 풍부한 메뉴인 것을 알 수 있다.

江戶(에도)나 明治(메이지)시대 또는 전쟁 전부터 일본인 전부가 풍부한 식생활이 가능했던 것은 아니지만 전통적인 식사가 갖는 의미를 영양학적 면에서 한 번 더 생각해 보고 건강한 생활을 구축해 가고자 하는 것이다.

[문헌]

1) 厚生省保健醫療局健康增進榮養課監修: 第五次改訂 日本人の榮養所要量, 第一出版 (1994)

2) 科學技術廳資源調査會編: 四訂日本食品成分表,   大藏省印刷局 (1982) 科學技術廳資源調査會編: 五訂日本食品成分表 — 新規食品編 —, 大藏省印刷局 (1997)

3) 堤裕昭, 鈴木公: 樂々榮養計算, オーエムエス (1998) その他, 多くのものが刊行されている.

4) 山下光雄編: 100 kcal食品成分表, 日本榮養士會全國産業榮養士會協議會 (1997)

5) 山下光雄: ダイエットデザインブック, 産業榮養指導擔當者會 (1997) 平宏和, 渡邊智子: 榮養と料理1月號, 150 – 162, 女子榮養大學出版部 (1996) 鈴木泰夫編著: 食品の微量元素含量表, 第一出版 (1993)

6) 上代淑人監譯: ハーパー生化學原書23版, 195, 丸善 (1990)

7) 鳥居邦夫, 沖山敦: 最新味覺の科學 (佐藤昌康, 小川尙編), 217, 朝倉書店 (1997)

8) 大村裕, 堀哲郎: 腦と免疫 iv (まえがき), 共立出版 (1995)

9) 吉田昭:「近年の必須アミノ酸に對する考え方 (槪說)」第52回日本榮養・食糧學會講演要旨集, 31 (1998)

10) 山口迪夫: 全榮協月報451號, 3, (社) 全國榮養士養成施設協會 (1998)

11) 荒井宗一, 渡辺道子: 食物アレルギー (菅野道廣, 岸野泰雄編), 87 – 103, 光生館 (1995)

12) 横田俊平, 高橋由利子, 椿和文: 食品アレルギー對策ハンドブック (上野川修一, 近藤直美編), 268 – 274, サイエンスフォーラム (1996)

13) 岸恭一:「成人の必須アミノ酸必要量研究の現狀」第52回日本榮養・食糧學會講演要旨集, 35 (1998)

14) 奥山治美: 榮養と健康のライフサイエンス, 3 (3), 807－811 (1998)

15) 菅野道廣: 生活衛生, 42 (5), 177－182 (1988)

16) Hamazaki, T., Sawazaki, S., Itomura, M., Asaoka, E., Nagao, Y., Nishimura, N., Yazawa, K., Kuwamori, T., and Kobayashi, M.: *J. Clin. Invest.*, 97, 1129－1133 (1996)

17) Hamazaki, T., Sawazaki, S., Nagao, Y., Kuwamori, T., Yazawa, K., Mizushima, Y., and Kobayashi, M.: *Lipids*, 33 (7), 663－667 (1998)

18) 菅野道廣: 食品と開發, 31 (6), 9－12 (1996)

19) 池田郁男: 醫學のあゆみ. 184 (3), 199－202 (1998)

20) Yiying, Z., Proenca, R., Maffei, M., Barone, M., Leopold, L., and Friedman, J. M.: *Nature*, 372, 425－432 (1994)

21) 加藤記念バイオサイエンス研究振興財團第15回公開シンポジウム (東京) 講演要旨集 (1998)

22) 山內俊一: 榮養と健康のライフサイエンス, 1 (2), 4－8 (1996)

23) 大澤俊彥: 成人病予防食品の開發 (二木銳雄, 吉川敏一, 大澤俊彥編), 36, シーエムシー (1998)

24) Brown, I, ら:「レジスタントスターチの最近の進步」第52回日本榮養・食糧學會講演要旨集, 37－40 (1998)

25) 石森榮治, 森井浩世: *Food Style 21*, 2 (9), 33－38 (1998)

26) 辻啓介: *Food Style 21*, 2 (8), 39 (1998)

27) 辻啓介: 食物纖維 基礎と臨床 (土井邦紘, 辻啓介編), 90, 朝倉書店 (1997)

28) 吉川敏一: フリーラジカルの醫學, 69－142, 診斷と治療社 (1997)

29) 二木銳雄・吉川敏一・大澤俊彥編: 成人病予防食品の開發, シーエムシー (1998)

30) Kunau, J.: 1976 World Rev. Nutr. Diet, Vol.24, 117－191 (Kager, Basel)

31) Renaud, S. and Lorgeril, M. de: *Lancet*, 339, 1523－1526 (1993)

32) Frankel, E. N., Kanner, J., German, G. B. Parks, E., and Kinsella, J. E.: *Lancet*, 341, 454 – 457 (1993)

33) Hertog, M. G. L., Feskens, E. J. M., Hollman, P. C., Katan, M. B. and Kromhout, D.: *Lancet*, 342, 1007 – 1011 (1993)

34) Hertog, M. G. L., Feskens, E. J. M., Hollman, P. C., Katan, M. B. and Kromhout, D.: *Nutr. Cancer*, 22. 175 – 184 (1994)

35) 吉川敏一: フリーラジカルの醫學, 64, 診斷と治療社 (1997)

36) 金武祚: 現代化學 (9), 44 – 49 (1997) Santibanez, J. F., Navarro, A. and Martinez, J.: Anticancer Res., 17, 1199 – 1204 (1997)

37) Manach, C., Regerat, F., Texier, O., Agullo, G., Demigne, C. and Remesy, C.: *Nutr. Res.*, 16, 517 – 544 (1996)

38) Hollman, P. C. H. and Katan: *Arch Toxicol.*, 237 – 248 (1998)

39) Cook, N. C. and Samman, S.: *J. Nutr. Biochem.*, 7, 66 – 76 (1996)

40) Hertog. M. g. L.: *Proc. Nutrition Soc.*, 55, 385 – 397 (1996)

41) Meltzer, H. M. and Malterud, K. E.: *Scand. J. Nutr.*, 41 (2) 50 – 57 (1997)

42) 津志田藤二郎, 篠原和毅: 日食科工誌, 44 (9), 607 – 614 (1997)

43) 金澤和樹: *New Food Ind.*, 39, 10 – 16 (1997)

44) Conquer, J. A., Maiani, G., Azzini, E., Raguzzini, A. and Holub, B. J.: *J. Nutr.*, 128 (3), 593 – 597 (1998)

45) 前田浩: 野菜はガン予防に有効か, 菜根出版 (1995)

46) 村上明, 大東肇: 成人病予防食品の開發 (二木鋭雄, 吉川敏一, 大澤俊彦編), 142, シーエムシー (1998)

47) 須田郁夫, 山川理, 松ヶ野一郷, 杉田浩一, 竹熊宜孝, 入佐孝三, 德丸文康: 日食科工誌, 45 (10), 611 – 617 (1988)

48) 奧恒行: 臨床榮養, 92 (3), 285～290 (1998)

49) Satomi, Y. Yoshida, T., Aoki, K., Misawa, Nl., Masuda, M., Murakoshi, M. Takasuka, N., Sugimura, T. and Nishino, H.:

98

Proc. Japan Acad. 71 Ser. B, 7, 236-240 (1995)

50) Tanaka, T., Kawabata, K. *et al.*: *Jpn. J. Cancer Res.*, 88 (9), 821-830 (1997)

51) Ohata, T., Fukuda, K. *et al.*: *Carcinogenesis*, 19 (6), 1007-1012 (1998)

52) 佐藤充克: 食品と開發, 33 (7), 11-14 (1998)

53) Miyake, Y., Yamamoto, K. and Osawa, T.: *J. Agr. Food Chem.*, 45 (10), 3738-3742 (1997)

54) Miyake, Y., Yamamoto, K., Tsujihara, N. and Osawa, T.: *Lipids*, 33 (7), 689-695 (1998)

55) Esaki, H. Onozaki, H., Morimitsu, Y., Kawakishi, S. and Osawa, T.: *Biosci. Biotech. Biochem.*, 62 (4), 740-746 (1998)

56) Sanbongi, C., Osakabe, N. Natsume, M., Takizawa, T., Gomi, S. and Osawa, T.: *J. Agr. Food Chem.*, 46 (2), 454-457 (1998)

57) Osakabe, N., Yamagishi, M., Sanbongi, C., Natsume, M., Takizawa, T. and Osawa, T.: *J. Nutr. Sci. Vitaminol.*, 44, (4), 313-321 (1998)

58) Kang, M.-H., Naito, M., Tsujihara, N. and Osawa. T.: *J. Am Soc. Nutr. Sci.*, 1018-1022 (1998)

59) Tsuda, T., Horio, F. and Osawa, T.: *Lipids*, 33 (6), 583-588 (1998)

60) Chen, H.-M., Muramoto, K., Yamauchi, F. and Nokihara, K.: *J. Agr. Food Chem.*, 44 (9), 2619-2623 (1998)

61) Chen, H.-M., Muramoto, K., Yamauchi, F., Fujimoto, K. and Nokihara, K.: *J. Agr. Food Chem.*, 46, (1), 49-53 (1998)

62) Murakoshi, M. and Nishino, H.: Food Factors for Cancer Prevention(Ohigashi, T. Osawa, J. Terao, S. Watanabe, T. Yoshikawa eds.), 533-537 (1997) Springer-Verlag Tokyo

63) Tomita, I., Sano, M., Watanabe, J., Miura, S., Yoshino, K. and Nakano, M.: Oxidative Stress and Aging (R. G. Cutler, L.

Packer, J. Bertram, and A. Mori eds.), 355 – 365 (1995) Birkhauser Verlag Basel Switzerland

64) 富田勳: 茶の抗がん作用, 食品工業, 35 (18), 18 – 27 (1992)

65) Ishikawa, Y., Ito, T. and Lee, K. H.: *J. Jpn. Oil. Chem. Soc.*, 45 (12), 1321 – 1325 (1996)

66) Sawai, Y. and Sakata, K.: *J. Agr. Food Chem.*, 46 (1), 111 – 114 (1998)

67) Okada, M., Amamoto, T., Tomonaga, M., Kawachi, A., Yazawa, K., Mine, K. and Fujiwara, M.: Neurosci., 71 (1), 17 – 25 (1996)

68) 宮永和夫, 米村公江, 高木正勝, 貴船亮, 岸芳正, 宮川富三雄, 矢澤一良, 城田陽子: 臨床醫藥, 11 (4), 881 – 901 (1995)

69) Yoshikawa, T., Naito, Y., Masui, K., Fujii, T., Boku, Y., Nakagawa, S. Yoshida, N. and Kondo, M.: *Biomed. Pharmacother.*, 51, 328 – 332 (1997)

70) 吉川敏一, 內藤裕二, 增井康治, 朴義男, 藤井貴章, 吉田憲正, 近藤元治: 微量榮養素研究第14集, 119 – 121 (1997)

4

영양과 건강(3)

— 면역 · 알레르기 —

Ⅰ. 머리말

질병의 발생은 유전과 환경인자의 상호작용에 의한다. 영양상태는 면역기능과 알레르기에 크게 영향을 미치고 있는 것이 알려져 있다. 최근 알레르기 질환의 증가 원인의 하나로 식생활의 변화를 들 수 있다. 일본에서 영양 섭취량의 변화를 보면, 전쟁 전부터 1995년경까지는 단백질이나 지방의 섭취량이 다소 적었던 것에 비하면 최근에는 동물성 단백질 및 지방의 섭취 비율이 증가하고 역으로 당질의 섭취는 감소하는 구미형의 식생활 패턴으로 변화해 가고 있다.

그런데 영양이 과학적인 면으로 생각하게 되고 섭취하는 음식물의 양과 질 그리고 영양상태에 의해 생체 방어기구인 면역계가 크게 영양을 받을 수 있는 것이 밝혀지고 있다. 그러므로 영양과 면역 · 알레르기의 관점으로부터 건강을 유지하고 증진시켜 가는 점에 대하여 서술하고자 한다.

Ⅱ. 영양불량과 면역

영양불량에 의해 면역기능이 저하하고 감염증에 걸리기 쉬어지는 것이 알려져 있다. 이러한 영양불량의 현상은 단백질을 중심으로 한 섭취 열량의 부족이며, protein‑calorie‑malnutrition (PCM)이라고도 한다. 발전도상국에 있어서 유유아 사망이나, 선진국에 있어서도 고령자, 진행성 암환자, 면역 결핍자 등의 영양장해에 의한 감염이나 경관영양, 경정맥영양을 동반한 영양결핍과 면역기능과의 관련이 명확하게 밝혀지고 있다. 영양장해와 면역기능의 저하에 관해서는 많은 보고가 있다.[1,3] 비특이적 방어 인자로써의 식세포 기능, 보체계, 특이적 방어인자로써의 세포성 면역, 체액성 면역은 영양장해의 정도에 대응하여 여러 가지로 영향을 받는다(표 4.1).

▼ 표 4.1 영양과 면역

1. Malnutrition(영양불량)
Protein‑calorie‑malnutrition
Kwashiorkor: protein부족, 간종대, 부종, 쇠약
Marasmus: 체중감소, 피부병변, 흉선위축, 림프구의 감소. calorie 부족
림프절의 위축(T세포의존 영역)
세포성 면역의 저하, 보체 level의 저하
식세포의 식작용 기능의 저하
체액성 면역은 정상 혹은 정상보다 높은 level; 감염에 의한 이차적 변화
IFN, lysozyme의 저하
2. Overnutrition(영양과잉)
생활습관병(당뇨병, 고혈압, 심질환, 암)의 이환율이 높다.
고콜레스테롤 혈증, 고인슐린 혈증:
Macrophage, 호중구의 함식능 저하, 림프구의 기능 억제
3. Undernutrition(저영양)
통상사육 섭취 열량의 50～70%의 식사 억제에 의해 암, 자기면역병,
당뇨의 발병률저하
세포성 면역의 항진

1 비특이적 세포성인자

호중구, 마크로파지 등의 식세포계의 함식능에 대하여 서술하면 PCM의 상태에 있어서 말초 혈액 중의 호중구 수, 백혈구 수는 거의 변화가 없으며 호중구, 마크로파지의 함식능도 정상이라는 보고가 많다.[4] 그러나 chemotaxis와 세포 내 살균작용에 관해서는 정상이라는 보고와 기능저하로 보는 견해 2가지로 나뉜다.

2 비특이적 체액성인자

보체계에 대해서 보면 properdin, C4, factor B 이외의 모든 인자가 감소하는 경향을 보이고, 그중에서도 C3의 감소가 현저하게 나타난다.[5] 이 원인으로써는 ① 합병증을 나타내는 감염증에 의한 변형된 경로가 활성화되고 endotoxin에 의해 소비된다. ② 영양장해에 의한 간에서 보체단백 합성의 저하 등이 생각되고 있다.

3 특이적 세포성인자

영양불량으로써는 흉선이나 림프계 조직의 위축이 보여진다. 말초 혈관의 림프구 수는 다소 감소하는 경향을 보이며, T세포 수는 현저하게 감소하고, T세포 비율은 15~25% 정도까지 저하하고 T세포 기능도 장해를 입는다. *In vitro*에 있어서 PHA나 ConA에 대해서 유약화 반응, *in vivo*에서는 PPD, DNCB PHA, SKSD 등의 각종 항체에 대해서 보이는 내피반응의 저하가 확인되고 있다. 이들 면역 반응에 보여지는 장해는 영양장해의 정도와 상관성을 이루고 있다.

④ 특이적 체액성 인자

B 세포수는 거의 변화가 없다. 면역 글로불린은 IgA를 약간 저하시키고 IgE의 상승, 그 외 면역 글로불린은 거의 변화가 없다. 즉 PCM에서는 항체 생산 능력은 거의 정상 상태로 유지되고 있다. IgE의 상승은 기생충 등의 반복적 감염이 원인이 되는 것으로 생각되고 있다.

⑤ 특정 영양소와 면역능의 변화

비타민이나 미네랄 등의 단일 인자의 결핍도 면역계에 크게 영향을 미친다. 예를 들어 아연은 면역기능에 본질적으로 필요한 영양소이고 아연이 결핍되면 흉선, T세포, 세포성 면역이 저하한다. 아연은 DNA 또는 RNA 합성에 관여하는 효소들의 적정 활성을 유지하는 필수 조건이며 분열 증식이 활발한 면역계의 세포는 아연 결핍에 의한 영향을 받기 쉽다. 철 결핍은 항원 자극에 대해서 PPD, 칸지다 항원에 대한 림프구 유약화 반응이 장해를 입고 호중구의 살균능력이 저하되고 있다. 엽산, 비타민 B_6와 비타민 A의 부족은 세포성 면역의 저하를 가져오고 T세포 의존성 항체 생산능력 또한 저하시킨다.

Ⅲ. 영양과잉과 면역

한편 영양과잉이 병과 밀접하게 관련되어 있는 것도 증명되고 있다. 영양과잉에 의한 비만은 당뇨병, 고혈압, 심질환이나 암 등에 이환율이 높고 평균 수명은 현저하게 짧다. 비만에 의한 고콜레스테롤 혈증은 림프구 유약화 반응을 약하게 한다.[6] 또 고콜레스테롤 혈증은 마크로파지의 함식 능력이나 림프구 유약화 반응을 저하시키는 것이 보고되고 있다.[7] 한편 호중구의 chemotaxis나 항원의 처리 능력은 비만에 의한 영향을 받지 않고 함식 능력만이 저하한다.

Ⅳ. 저영양과 면역

영양불량도 영양과잉도 면역체계의 이상을 불러온다. 단백질, 필수 지방산, 비타민, 미네랄은 영양불량이 아닌 정도를 섭취하고 적절한 칼로리 섭취량의 제한(저영양)을 섭취한 결과 외래 항원에 대한 면역 기능을 유지하고 발병을 억제하고 수명을 연장시키는 것이 여러 가지로 질환 발생의 모델로 명확하게 되었다. 자가 면역증을 가진 모델 마우스를 이용하여 영양이 병의 발생, 진행, 면역 기능에 미치는 영향에 대해서 필자들이 실시한 실험 결과를 서술하고자 한다.

① (NZB×NZW) F1 마우스에 있어서 총칼로리와 지방 섭취량의 상관관계[8-10]

NZB, (NZB×NZW) F1, MRL/lpr, BXSB 등의 자가 면역증 마우스를 가지고 영양소의 양과 질의 차이가 면역기능, 병의 진전이나 수명에 미치는 영향에 대해서 검토해 왔다. 저칼로리로 사육된 NZB와 (NZB×NZW) F1 마우스(이하 B/W 마우스로 생략)에서는 세포성 면역이나 interleukin 2 (IL-2) 생산의 회복이나 면역 복합체성 신(腎)염이나 자기항체 생산의 억제가 보여지고 있다.

▼ 표 4.2 B/W 마우스 5군의 식이구성

성분	A_1	A_2	B_1	B_2	C
Casein	29.4	44.12	29.4	41	19.6
Methionine	0.6	0.94	0.6	0.9	0.4
Sucrose	47.25	–	44.29	–	55.25(Dextrin)
Glycerol	16	–	16	–	16
유채기름	2	–	2	–	2
비타민류[*1]	1	1.58	1.66	2.80	1
염류[*1]	3.5	5.5	5.8	8.95	3.5
Inocitol	0.05	0.08	0.05	0.08	0.05
Choline	0.2	0.30	0.2	0.3	0.2
Lard	–	47.48	–	45.97	–
총 칼로리 중 지방	4.52	69.14	4.62	74.60	4.53
칼로리가 차지하는 비율 kcal/g[*2]	3.98	6.18	3.89	5.98	3.97

[*1] A_1과 B_1의 비타민류, 염류는 sucrose에 섞고, A_2와 B_2는 casein에 섞여 있다.

[*2] Casein, Sucrose, Dextrin, Glycerol, Methionine, Inosital, Choline은 4 kcal/g, Lard, 유채기름은 9 kcal/g으로 계산하였다.

　한편, 고지방식으로 사육된 마우스에서 자가 면역병이 증가하고 더불어 악화한다는 보고가 있다. 따라서 총칼로리와 지방섭취량의 차이가 면역기능이나 병의 진행에 미치는 영향에 대해서 검토했다. B/W 마우스는 사람의 전신성 에리테마토데스(SLE)의 모델로서 쓰이고 있다. 보통의 사육 조건에서는 평균 수명은 10개월이다. 표 4.2에 표시한 바와 같이 6주령의 이 마우스를 5군으로 나누었다. A1은 고칼로리와 고탄수화물 섭취군으로 칼로리의 약 70%가 탄수화물이다. A1과 A2는 pair-feeding을 실시하였고 칼로리 섭취량은 똑같다. B군은 저칼로리군으로 A군의 60% 칼로리를 섭취하였다. 그러나 비타민과 염류의 섭취량은 같은 정도로 하였다. B1은 A1과 같은 고탄수화물식, B2와 A2는 같은 고지방식이다. C군은 대조군이고 섭취량을 제한하지 않았지만 A군과 거의 같은 정도의 칼로리 섭취였다. 영양 이외의 사육조건, 예를 들어 단독사육, 밤과 낮의 비율, 온도, 습도 등은 같은 조건을 유지하였다. A1과 A2는 평균 16 kcal/day를 섭취하였다. 고칼로리군(A1, A2, C)은 7개월에 체중이 약 40 g으로 됐다. 저칼로리군(B1, B2)은 평균 9.6 kcal/day 섭취이지만 체중은 A군의 약 70%였다(그림 4.1). 칼로리 섭취량이 같으면 영양의 질에 의해 체중의 차이는 없었다.

　영양이 면역기능에 미치는 영향은 마우스가 사망하기 전에 4.5, 6.5개월에 검토했다. 세포성 면역의 지표의 하나로서 같은 종류의 림프구를 혼합해서 배양하면 4.5개월에서는 각 군 간의 차이는 나타나지 않으나, 6.5개월의 저칼로리군(B1, B2) 및 A1은 A2, C보다 유의하게 높은 반응성을 나타냈다. 다음으로 T세포에서 생성된 lymphokine의 하나인 IL-2의 생산을 검토하였다. 6.5개월에 저칼로리군(B1, B2)은 고칼로리군(A1, A2, C)보다 IL-2 생산능력이 현저하게 높았다.

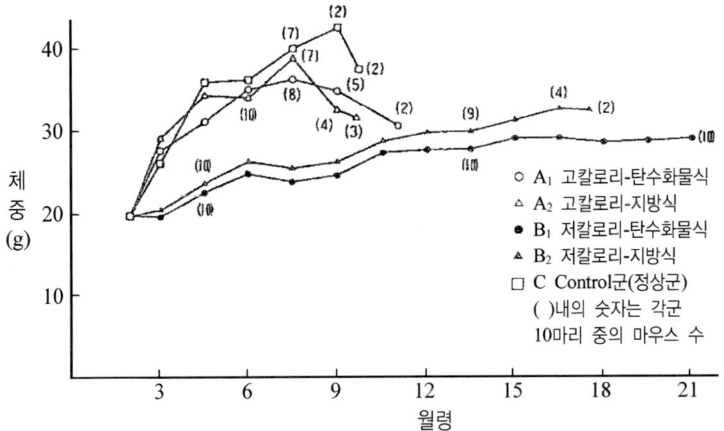

그림 4.1 B/W 마우스에 있어서 체중의 경시적 변화

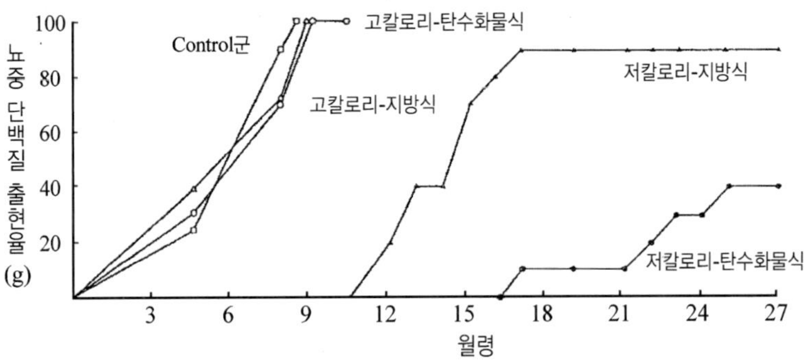

그림 4.2 칼로리 및 지방 섭취량이 다른 B/W 마우스에 있어서 뇨중 단백의
경시적 변화

또 자가 면역병 진행의 하나의 지표로서 혈청 중의 항DNA 항체
와 면역 복합체를 측정했지만 4.5, 6.5개월에 있어서는 저칼로리군
(B1, B2)은 고칼로리군(A1, A2, C)보다 항 DNA항체, 면역 복합체
의 생산은 억제되고 있다. 이러한 현상은 6.5개월까지는 식이의 질
에 관계없이 칼로리 제한에 의해 자가 면역병의 발생이 억제되는

것으로 시사되고 있다.

자가 면역병의 진행을 알리는 다른 지표로서 뇨 단백질의 경시적 변화를 관찰했다(그림 4.2). 고칼로리군(A1, A2, C)은 식이성분의 차이에도 불구하고 5개월부터 뇨단백 양성으로 되고 9개월까지는 전부 양성으로 나타났다. 한편, 저칼로리군 중의 고지방군(B2)은 12개월부터 다시 양성으로 되고, 17개월에 90%가 양성이었다. 저칼로리, 고탄수화물군(B1)은 27개월에 40%의 양성률을 보였다. 저칼로리군에 있어서 식사의 질에 의한 병의 진행에 미치는 영향은 12개월 이후에 차이가 확인되었다.

그림 4.3은 마우스의 경시적 생존율을 관찰한 것이다. 고칼로리 섭취이면 식이성분에 관계없이 7개월부터 사망하기 시작하고 1년 이내에는 전부 사망했다. 고칼로리 섭취군 사이에서도 탄수화물 섭취가 생존율 연장의 경향을 보였지만 유의적인 차이는 없었다. 한편, 저칼로리 군은 1년까지 전부 생존하고 그 후 고지방군(B2)은 조금씩 사망하기 시작하고 18개월에 10%의 생존율만을 나타냈다. 그러나 저칼로리, 고탄수화물 섭취군(B1)은 18개월까지 전부 생존하고 있었다. 식이의 질적 차이는 저칼로리군에 있어서 1년 이하로 나타났다. 평균 수명은 A1, 283±52; A2, 261±35; C, 250±40; B1, 860±195; B2, 524±153 (day)이었다. 칼로리 섭취량을 제한하는 것에 의해 수명은 2배로, 칼로리 제한과 더불어 지방 섭취량을 제한하는 것에 의해 약 3배로 연장되는 것이 명확하게 되었다. 결국, 자가 면역병의 발병이나 진전, 수명에 미치는 가장 큰 인자는 총칼로리 섭취량이고, 2번째 인자로써는 식이성분(지방 섭취량)을 들 수 있다.

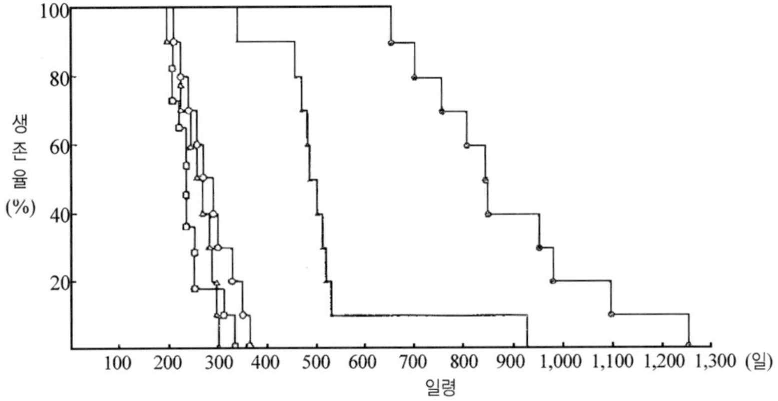

그림 4.3 B/W 마우스에 있어서 칼로리 및 지방 섭취량이 생존율에 미치는 영향

② B/W 마우스에 있어서 총칼로리와 단백질 섭취량과의 관계

저단백식을 자가 면역병 발병 마우스에 먹이면 면역기능의 저하가 예방되는 등, 특정의 아미노산을 제한한 식사(Phenylalanine, Tyrosine의 제한)에 의해 자가 면역성 신증의 발생이 억제되고 수명이 연장되는 것이 보고되고 있다. 이러한 결과를 바탕으로 칼로리와 단백 섭취량을 변화시켜 실험을 진행하였다.

고칼로리군을 고단백(식이 성분의 50%) 저단백(같은 15%)의 2개의 군으로 나누었다. 저칼로리군은 고칼로리군의 60% 칼로리 섭취량으로 하여, 고단백, 저단백의 2군으로 나누었다. 저칼로리군은 고칼로리군과 비교하여 단백질의 절대량은 같은 양으로 하였기 때문에 고단백(칼로리가 차지하는 단백질의 비율은 83%), 저단백(같은

25%)의 2군으로 된다. 면역기능에 대해서는 단백질량에 관계없이 칼로리 섭취량을 제한하는 것에 의해 췌장 세포의 IL–2생산 능력 PHA에 대한 반응성, T세포 수 등의 세포성 면역 기능은 높게 유지되고 있다.

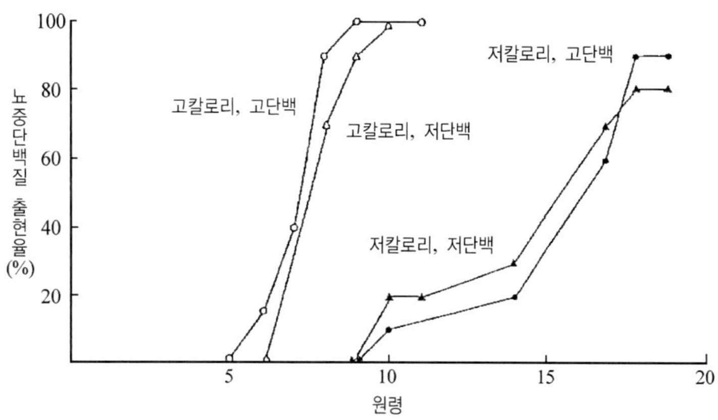

그림 4.4 칼로리 및 단백질 섭취량이 다른 B/W 마우스에 있어서 뇨중
　　　단백의 경시적 변화

그림 4.4는 뇨단백의 경시적 변화를 나타낸 그래프이다. 고칼로리군은 단백질 섭취량에 관계없이 6개월부터 양성으로 나타나고, 10개월까지는 100% 양성으로 되었다. 저칼로리군도 단백질 섭취량에 관계없이 고칼로리군보다 늦게 10개월부터 다시 양성으로 되고 18개월에 80% 정도가 양성이었다.

다음으로 생존율에 대해서는 고칼로리군은 단백질 섭취량에 관계없이 7개월부터 사망하기 시작하고 1년까지는 전부 사망했다(그림 4.5). 평균 수명은 고단백군 297일, 저단백군 295일이었다. 또한 저칼로리군은 10개월부터 사망하기 시작하며 고칼로리군은 약 2배의 수명을 가졌다. 평균 수명은 고단백군 573일, 저단백군 502일이었다.

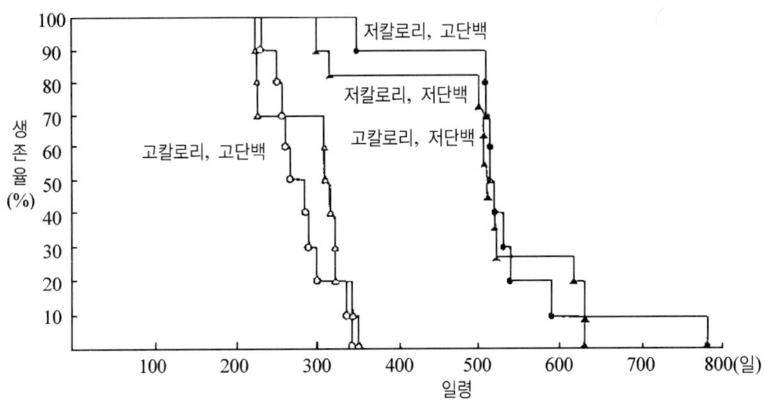

그림 4.5 B/W 마우스에 있어서 칼로리 및 단백질 섭취량이 생존율에 미치는 영향

이상의 것으로부터 병의 진행에 단백질 섭취량은 큰 영향은 없고 칼로리 섭취량이 중요한 인자인 것이 명확하게 되었다.

③ 식사 제한을 시작하는 시기에 있어서의 영향

MRL/lpr 마우스는 T세포 증식을 일으키는 lymphoproliferative 유전자를 갖고 있고, 전신의 림프절 종창을 일으킨다. 또 류마치스성 관절염, 간질성 폐염, 육아종성 혈관염 등의 다채로운 증상을 나타내어 간다. 이 마우스는 통상의 사육 조건하에서 성장하면 B/W 마우스보다 크게 자라 50 g에 이른다. 또 병의 진행은 빠르고 평균 수명은 6개월이다. 이 마우스를 4군으로 나눠 병의 발생 전과 후부터 50% 칼로리 제한을 실시하여 그 효과를 검토하였다.

그림 4.6은 체중의 경시적 변화를 그래프로 나타낸 것이다. 군

(N/H, ○)는 6주령부터 고칼로리(20 kcal/day)를 제공한 군(H/H, ○)이다. 3개월에 약 50 g으로 되고 이 시기에는 자가 면역병의 발생이 나타난다. 이 발병 직후부터 칼로리 제한(10 kcal/day)으로 한 것이 (H/L, ▲)이다. 체중은 급격하게 감소하고 4.5개월에 6주령부터 계속해서 저칼로리군(L/L, ●)과 거의 같은 정도였다. 또 3개월부터 저칼로리에서 고칼로리로 바꾼 군(L/H, △)은 급격하게 체중은 증가하고 5개월에는 6주령부터 고칼로리군(H/H, ○)의 체중과 거의 같게 되었다.

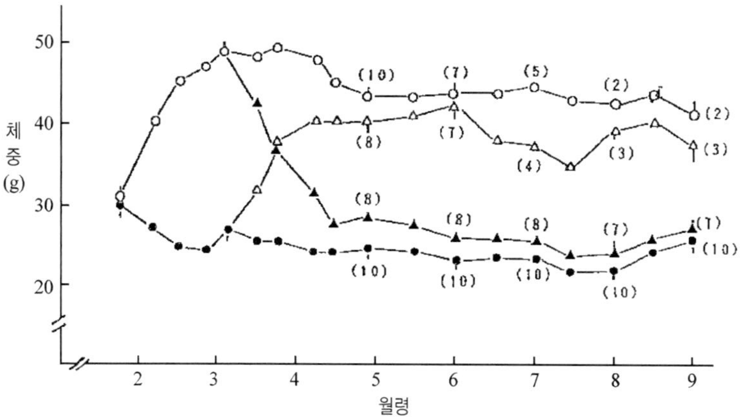

그림 4.6 MRL/lpr 마우스에 있어서 칼로리 섭취량의 차이에 의한 체중의
   경시적 변화

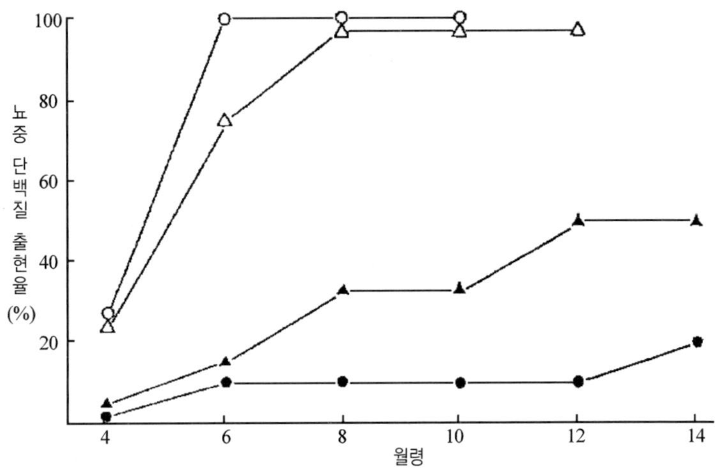

○: 고칼로리(H/H)
●: 저칼로리(L/L)
△: 12주까지 저칼로리 그 후 고칼로리(L/H)
▲: 12주까지 고칼로리 그 후 저칼로리(H/L)

그림 4.7 MRL/lpr 마우스에 있어서 뇨중 단백질의 출현에 미치는 칼로리
섭취량의 영향

다음은 이들 마우스의 뇨단백의 경시적 변화를 관찰하였다(그림 4.7). H/H군은 6개월까지 뇨단백이 100% 양성으로 나타났다. 한편 L/L군은 12개월에 겨우 10%가 양성이었다. 또 L/H군은 8개월까지 100% 양성으로 되었지만 H/L군은 12개월에 50%가 양성이었다. 이와 같이 칼로리 섭취량을 제한하는 것에 의해 자가 면역성 신염의 진행은 억제되었다.

그림 4.8은 생존율을 표시하고 있지만 뇨단백의 변화도 잘 비교하여 나타내고 있다. H/H군은 5개월부터 사망하기 시작하고 평균 수명은 6개월이었다. 또 L/H군은 8개월의 평균 수명이었다. 한편 L/L군은 1년에 90%가 생존하고 있다. H/L군은 1년에 50%가 생존

하고 평균수명은 15개월이었다.

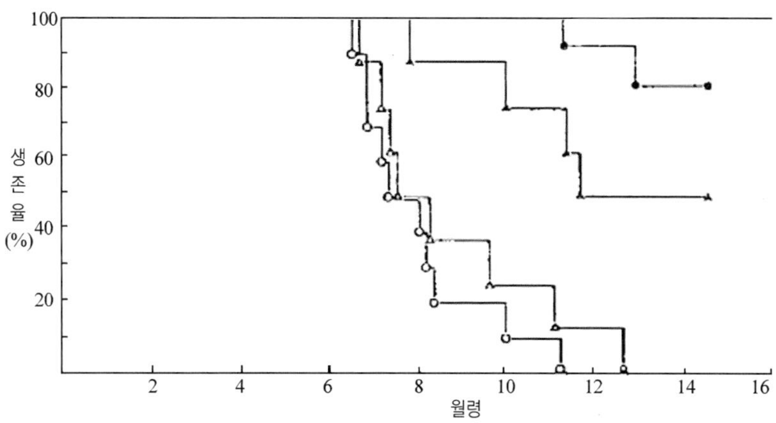

그림 4.8 MRL/lpr 마우스에 있어서 칼로리 섭취량이 생존율에 미치는 영향

　이상에서 서술한 내용으로부터 발생 전의 초기부터 칼로리를 제한하는 것에 의해 자가면역 질환의 발생은 억제되고 면역기능은 유지된다. 수명은 2배 이상으로 연장된다. 또 발생 후 칼로리를 제한하여도 발생 전부터 제한하던 군보다 효과는 약하지만 병의 진전은 억제되고 수명은 2배 연장되는 것으로 밝혀졌다.

　칼로리 제한에 의해 자가면역 질환의 발생이나 진전이 억제되는 것은 다른 자가면역 질환의 발생 마우스인 BXSB/ZB 마우스에서도 공통으로 나타난 현상이다.[13, 14] BXSB 마우스는 성장해서 25 g이 최대의 체중을 나타내며 섭취 칼로리도 적다. 이 마우스에 있어서 고칼로리군의 60%는 칼로리 제한에 의해 병의 진전이 억제되고 수명이 2배로 연장된다. 이 마우스는 3개월부터 병이 발생하지만 4개월부터 칼로리 제한을 실시해도 수명은 2배로 연장되었다.

④ 칼로리 제한의 효과기전에 관한 연구

칼로리 제한에 의해 면역기능은 유지되고 병의 진행이 억제되는 것이 명백하게 되었지만 그 기전이 명확하게 밝혀지지 않았다. 따라서 칼로리 제한의 효과의 기전에 대하여 심도 있는 연구를 진행하였다.

노화에 미치는 활성 산소에 대한 보고들이 소개되고 있다. 활성산소가 독으로 작용하는 것에 대한 protective enzyme인 superoxide dismutase와 catalase 측정을 실시하였다. 간장에 있어서 total superoxide dismutase활성은 어떤 군에서도 유의한 변화가 없었다. Cyanide 저항성의 superoxide dismutase (SOD)는 mitochondria에 나타나 망간을 포함하는 SOD이지만 같은 식이에 의해 큰 변동은 관찰되지 않았다.

과산화수소 분해효소인 catalse는 고칼로리, 고탄수화물군에서 저하했지만 고칼로리 섭취의 A2, C군에서는 저하하지 않았고 수명과 활성 산소독에 대한 protective enzyme인 이들 효소 간의 연관성은 명확하지 않았다.[15)]

5주령의 B/W마우스를 고칼로리 섭취군과 저칼로리 섭취군(고칼로리 섭취군의 60% 칼로리 섭취)의 2군으로 나눠 cell cycle을 검토했다. Cell cycle은 propidium iodide 염색법을 이용해 flow cytometry로 해석하였다(표 4.3). 비장의 림프구에 대해서는 저칼로리에 비해 고칼로리군이 S기 및 G2＋M기에 증가하고 G1기는 감소하고 있다. 골수 림프구에 있어서는 유의적인 차이가 없었다.

▼ 표 4.3 12개월 된 B/W 마우스에 있어서 림프구 세포주기에
　　　미치는 칼로리 제한 영향

| 칼로리 | 비장 (%) | | | 골수 (%) | | |
섭취	G1	S	G2+M	G1	S	G2+M
고칼로리	62.9±9.1	10.6±3.7	12.4±1.2	71.8±6.2	11.9±2.6	11.7±2.0
저칼로리	80.1±5.3	3.8±1.3	8.8±2.4	71.9±1.8	11.9±2.3	12.5±3.0

결과: 평균±SD

이러한 결과로부터 말초 림프조직에 있어 칼로리 제한에 의한 세포 분열이 조절되는 것으로 시사되었다.

영양과 자가 면역병에 관해 지금까지의 보고나 저자의 연구로부터 다음 사항을 정리하였다.

① 자가면역 질환증 마우스의 병 발생의 진전을 억제시켜 수명을 연장시키는 영양학적 방법으로 총칼로리, 지방, 특정의 아미노산, 아연, 필수지방산 등의 섭취 제한을 들 수 있다.

② 영양불량이 아닌 정도의 영양제한(undernutrition)에 의해, 외래 항원에 대한 통상의 면역기능은 유지하면서 자기항체의 생산은 억제하고 수명은 2배 이상으로 연장된다.

③ 영양 중 총칼로리 섭취량이 가장 중요한 원인이고 다음으로 지방 섭취량이다.

④ 단백질 섭취량은 병의 진행이나 면역기능에 크게 영향을 미치지 않는다. 그러나 지방이나 단백질의 차이에 의해 면역기능, 자기항체의 생산이나 병의 진행에 차이가 보여진다.

⑤ 발병 후에도 초기에 칼로리 제한에 의해 병의 진전을 지연시킬 수 있다.

⑥ 칼로리 섭취량은 마우스의 종류에 따라 다르고 칼로리 제한의 최대 효과는 자유 섭취군의 60% 전후로 섭취가 적당하다.

⑦ 칼로리 제한에 의해 밀초혈 림프조직에서 세포 분열이 제한되는 것으로 사려된다.

이상에서 열거한 사항은 자가 면역병 발생 마우스에 공통으로 보여지는 현상이다.

그러나 그 외의 동물 모델에서 예를 들어 유암 발생 마우스, 당뇨병 발생 마우스, 고혈압 발생 Rat이나 정상의 마우스나 Rat를 이용해 칼로리 제한에 의한 면역 기능의 유지나 병의 발생 억제 효과에 대해서 연구가 진행되고 있다.[16]~[18] 자가 면역병 발생 마우스와 같은 영양불량이 아닌 정도의 칼로리 제한에 의해 병발생의 억제나 면역 기능의 유지 및 수명의 연장 등이 보고되고 있다.

이상의 보고를 토대로 병의 발생이 유전적으로 결정되어 있어도 병의 발생은 영양에 의해 크게 영향을 받는 것이 명확하게 되었다.

V. 절식과 면역

절식 요법은 과민성 장 증후군이나 기관지 천식, 아토피성 피부염, 비만증, 가벼운 고혈압이나 당뇨병 등의 병에 대해 임상적으로 실시되고 있으며 높은 치료 효과를 얻고 있다. 10일 동안의 절식 요법에 의해 림프구가 감소하지만, natural killer (NK) 세포 활성은 정상으로 된다.[19]

또 절식이 면역 기능에 미치는 영향에 대해 마우스를 이용해서 검토한 결과를 기술한다.[20] 절식 기간에 비례해서 체중, 흉선, 비장, 간의 중량이 유의적으로 감소한다. 특히 흉선은 3일간 절식으로 반으로 감소하였다. 그러나 부신의 중량의 감소는 나타나지 않았다. 절식에 의해 비장의 B림프구의 비율은 감소하고, T림프구의 비율은 증가하는 것으로 B림프구가 절식에 대해 감수성을 나타내었다. *In vitro*에 있어서 IL-2의 생산, 동종 림프구의 혼합 배양, PHA에 대한 반응 등이 T림프구에 의한 면역 기능은 2~3일간의 절식으로 저하하지 않았으며, 역으로 증가하였다.

한편, NK세포 활성은 절식 1일째부터 급격하게 저하한다. *In vitro*에서 마크로파지의 carbon clearance 효과는 2~3일간의 절식으로 약간 증가하지만 4일 이상의 절식으로 저하한다. 이상에서 절식은 단기간 실시하면 T림프구나 마크로파지의 기능을 항진시키고 장기간 실시로 저하시키는 것을 알 수 있다.

Ⅵ. 영양과 알레르기

이미 서술한 5개월의 B/W마우스를 고칼로리 섭취군과 저칼로리 섭취군(고칼로리군의 60% 칼로리)의 2군으로 나누고 12개월에 IgE 생산을 검토했다. 그 결과 IgE 생산은 저칼로리군이 고칼로리군에 비하여 유의적으로 억제되고 있다.[21]

알레르기와 필수 지방산과의 관계에 대해서도 보고되고 있다.[22] 음식의 리놀산과 알파-리놀렌산과의 균형을 바꾸면 비만 세포나 다형핵 백혈구에서 로이코토리엔이나 PAF생산량은 크게 영향을 받으며 고알파-리놀렌산식을 급식함으로써 알레르기 반응이 억제된다. 이와 같이 알레르기 반응을 일으키는 물질의 양과 활성이 리놀산, 알파-리놀렌산의 균형에 의해 크게 변화하는 것이 명백하게 되고 있다.

또한 몰모트를 이용한 곤약 분말천식에 미치는 영양의 영향에 대해 탄수화물식, 지방식을 고칼로리군의 4군으로 나누어 검토했다.[23] 그 결과 다음과 같은 사항이 밝혀졌다.

① 유발테스트에 의한 발작의 강도는 지방군이 강하다. 특히 저칼로리 지방식군에서 사망률이 높다.

② 탄수화물군에서는 고칼로리군과 저칼로리군에서도 발작에서 회복까지 시간이 많이 소요되었다.

③ 말초혈 호산구 수는 지방군이 높다.

④ 즉시형 피내 반응은 차이가 없었으며, 지연형 피내 반응은 저칼로리-탄수화물군이 고칼로리-탄수화물군이나 지방군보다도 약했다.

Ⅶ. 고 찰

식사를 영양불량이 아닌 정도로 저영양으로 섭취하는 것에 의해 만성 관절 류마치스 환자나, 전신성 에리테마토데스의 환자에 있어서 병을 호전시킬 수 있는 결과들이 보고되어 있다. 또 국립 암센터의 암예방 12개 항목 중 8번째까지는 식사에 관한 것이다. "과식의 금지, 지방을 적게"의 항목이 가장 중요하게 생각된다. 옛 속담에 "만복(滿腹)의 8할이면 의사 불필요, 6할이면 약 불필요"가 있지만, 기초 의학적 연구로 이러한 옛 속담의 지혜가 과학적으로 증명되고 있다. 이후 분자 유전자 수준의 연구에서도 그 기전이 명확하게 밝혀질 것으로 사려된다. 또한 적당한 운동에 의해 면역기능이 개선되기도 하나, 수면 방해에 의해서는 면역기능이 저하하는 것 또한 밝혀지고 있다. 1996년 12월부터 성인병을 생활습관병으로 명칭을 변경하고 있다. 식사, 수면, 운동, 휴양은 생활습관병의 예방의 기본인 것이다. 이들 생활습관의 생체 조절계에 미치는 영향에 대해서 연구가 진전을 보이며 중요성의 인식이 높아져가야 한다.

Ⅷ. 맺음말

영양은 직접, 간접적으로 면역, 알레르기에 관여하고 있는 것이 밝혀지고 있다. 건강을 유지하는 것과 동시에 영양은 가장 중요한 인자이다. 식생활 조절의 중요성이 재인식되어야 할 필요성이 있다.

122

[문헌]

1) Chandra, R. K.: *Am. J. Clin. Nutr*, 53, 1087(1991)

2) Beisel, W. R.: *Biochem. Nutr.*, 27, 1(1979)

3) Good, R. A.: *J. Clin. Immunol.*, 1, 3(1981)

4) Douglas, S. D. and Schopfer, K.: *Clin. Exp. Immunol.*, 17, 121(1974)

5) Sirisinha. S., Edelman, R., Suskind, R., Charpatana, C. and Olsen, R. E.: *Lancet*, i, 1016(1973)

6) Dilman, V. M.: *Lancet*, 2, 1207(1977)

7) Bar, R. S., Koren, H. and Roth, J.: *Diabetes*, 25, 348(1976)

8) Kubo, C., Johnson, B. C., Day, N. K. and Good, R. A.: *J. Nutri.*, 114, 1884(1984)

9) Kubo, C., Johnson, B. C. Gajjar, A. and Good, R. A.: *J. Nutri.*, 117, 1129(1987)

10) Johnson, B. C., Gajjar, A., Kubo, C. and Good, R. A.: *Proc. Natl. Acad. Sci. USA*, 83, 5659(1986)

11) Gajjar, A., Kubo, C., Johnson, B. C. and Good, R. A.: *J. Nutri.*, 117, 1136(1987)

12) Kubo, C., Day, N. K. and Good, R. A.: *Proc. Natl. Acad. Sci. USA*, 81, 5831(1984)

13) Kubo, C., Gajjar, A., Johnson, B. C. and Good, R. A.: *Proc. Natl. Acad. Sci. USA*, 89, 3145(1992)

14) Kubo, C., Johnson, B. C., Day, N. K. and Good, R. A.: *Proc. Soc. Exp. Biol. Med.*, 201, 192(1992)

15) Kubo, C., Johnson, B. C., Misra, H. P., Dao, M. L. and Good, R. A.: *Nutr. Report International*, 35, 1185(1987)

16) Sarkar, N. H., Fernandes, G., Telang, N. T., Kourides, I. A. and

Good, R. A.: *Proc. Natl. Acad. Sci. USA*, 79, 7758(1982)

17) Lloyd, T.: *Life Sci.*, 34, 401(1984)

18) Weindruch, R. and Walford, R. L.: *Science*, 215, 1415(1982)

19) Komaki, G., Kanazawa, F., Sogawa, H., Mine, K, Tamai, H, Okamura, S, and Kubo, C.: *Am. J. Clin. Nutr.*, 66: 147(1997)

20) 久保千春, 手嶋秀毅, 吾郷晋浩, 永田頌史, 今田義郎 ,中川哲也: 心身医, 22, 249(1982)

21) 久保千春, 中川哲也, 西間三馨: 日本体質學雜誌, 55, 22(1991)

22) 奥山治美: 食品の持つ生態調節機能(第5回「大學と科學」公開シンポジウム組織委員會編), 32, クバプロ出版(1991)

23) 久保千春, 十川博, 木原廣美, 入江正洋, 手嶋秀毅, 中川哲也, 横田欣兒: 九州氣道過敏性研究, 46(1990)

24) Reyes, M. A., Saravia, N. G., Watson, R. R. and Mcmurry, D. N., *J. Allegy Clin. Immunol.*, 70, 94(1982)

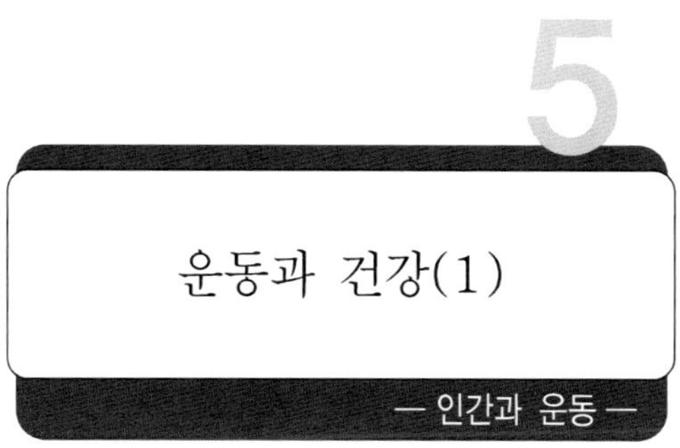

I. 머리말

생활습관병 원인의 하나로 일상생활에서 신체활동(운동)의 감소를 들 수 있다. 운동 부족에 의한 피해를 방지하기 위해서는 일상생활에서 적극적인 운동을 하는 것 외에는 해결책이 없다. 여기에서는 먼저 인간도 동물이라는 관점에서 '인간'이라는 원점으로 되돌아가 "인간은 어떤 동물인가"를 생각해 보자. 그리고 운동에 대한 기초적인 이해를 찾기 위해 운동을 생리학적인 관점에서 보며 건강의 유지 증진을 위한 운동에 대해 설명한다.

II. 인간은 어떠한 동물인가?

생활습관병은 구미의 공업 선진제국에서 먼저 생기고, 일본에서는 공업 선진국으로 들어가는 1965년대부터 현저해졌다.

또 채집수렵민이나 원시적 농경민에서는 생활습관병이 있었다고 판단되지 않고 또 개발도상국의 도심부 이외의 주민에게서는 생활습관병이 드물다는 보고가 많다.[1] 따라서 공업 선진국 이전 사회에 주목할 필요가 있다. 먼저 사람과 운동에 대해서 우리들의 가설부터 서술해 보자.

① 인간 진화의 역사와 생물학적 부적응

(1) 채집수렵민으로서의 인간

인간을 기타의 동물과 구별하는 원점은 "직립 이족(二足) 보행"이다.[2], [3] 인간이 지구상에 나타난 것이 지금부터 300~500만 년 전이라고 생각된다. 농경이 시작된 것이 약 1만 년 전이라고 추정되기 때문에 사람은 수백만 년간 채집과 수렵, 어로 등을 하면서 생활해 왔다.[2]~[4] 인간 역사의 99% 이상이 채집 수렵민의 시대라고 말할 수 있다.

생물이 진화하기 위해서는 유전자 정보의 증보·개정이 필요하다. 사람의 경우, 모친으로부터 자식에게 유전정보가 전해지는데, 짧아도 15~40년(1세대)이 필요하다. 1만 년 정도로는 사람의 몸에 형질적 변화는 일어나지 않는다[3]고 말한다. 사실 현재도 전 세계에 40만 명 정도의 채집수렵민이 있지만, 그들의 피부색과 얼굴 형태가 우리들과 조금씩 틀려도 몸의 구조나 기능은 우리들과 같다. 따라서 "현대인이라 해도 우리들의 몸은 채집수렵민 그대로이다."

(2) 생물학적 진화와 문화적 진보의 불균형

동물은 환경에 적합하도록 진화되었다. 그리고 인간은 여타의 동물과 비교해, 환경에 대한 적응 능력이 특히 탁월하다고 생각된다. 농경이 시작된 1만 년 전에도 인간의 생활양식은 변화했고, 다시 약 200년 전에 일어난 근대산업도 인간의 생활환경과 생활양식을 변화시켰다. 그러나 인간의 식생활과 운동양식 등을 크게 변화시켰다고는 생각하기 어렵다. 예를 들어 생활양식이 변화했다고 해도 그것의 변화 정도는 아마 인간의 우수한 적응력의 범위였을 것이다. 그런데 거기까지 서서히 변화되어 온 우리들의 생활환경과 생활양식의 변화(문화적 진보)는 공업 선진국에서는 각각 30~50년간 단숨에 가속되었다.

과학기술의 진보나 산업계의 기술혁신에 의해, 생산·노동·가사·교통수단 등 모든 것이 기계화되어 인력·노동력이 감소됐다. 또 거기에 경제발전과 유통기구의 발전이 식생활과 생활습관을 커다랗게 변화시켰다. 이러한 문화적 진보는 우수한 인간의 적응능력을 이미 뛰어 넘었다고 생각된다. 그렇게 우리들의 환경변화가 급격함으로서 1만 년부터 수만 년에 걸쳐 진화한 우리들의 신체가 급격한 문화적 진보에 따라가지 않으면 안 되었다고 생각된다. 생활습관병의 바탕에는 이러한 생물학적 진화와 문화적 진보의 불균형 즉, "생물학적 부적응"이라는 것이 있다고 여겨진다.

② 인체의 구조와 운동

(1) 직립자세와 이족(二足) 보행

인간의 신체구조는 인간과 근종인 고릴라나 침팬지와 비교해도 독특하다. 척추는 수직방향으로 중력에 견딜 수 있게 S자형으로 되어 있다. 가슴은 편평화되어 좌·우 폭은 넓고 전·후 직경은 얇고, 팔의 운동 범위가 상당히 확대되어 있다. 또 인간의 골반은 장골이 날개를 크게 펼친 모양으로 밑에서부터 복부의 내장을 품고 있다. 골반과 대퇴골을 고정하기 위해 대퇴근도 현저히 발달되어 있다. 어느 것이나 직립 자세에 적당한 구조이다. 또, 인간의 발 형태는 걸어 다니기 편리한 구조로 되어 있다. 즉 인간의 발은 여타의 동물과 비교해서 가늘고 길며 발가락은 모두 같은 방향을 향하고 있다. 또 유인원류에서는 볼 수 없는 특징인 3차원적인 입체 아치(arch) 구조를 지니고 있다. 이에 따라 발은 상체의 중량을 견디기 위한 튼튼한 구조물화되어 있다. 이 아치 구조는 상하·좌우·전후의 운동에 대해서 3차원적인 조정 기능을 완수하는 동시에 발바닥의 혈관보호 또 보행 시의 중량을 자연스럽게 이동시킬 수 있게 스프링 역할을 하고 있다. 이들의 신체구조나 기능은, 인간이 수백만 년의 채집수렵 생활에서 '걷기'에 적당하도록 진화된 결과라고 생각된다.

(2) 인간은 걷는 동물

채집과 수렵처럼 먹을 것을 찾는 행동 자체가 운동이다. 현존하는 채집수렵민은 먹을 것을 찾는 행동의 90~95%가 '보행'이라고 말한다.[5] 채집수렵민은 "특별한 긴급한 때 외에는 달리지 않는다"

라고도 말할 수 있다. 달린다는 운동은 많은 에너지를 소비하고 빨리 달리면 유산소가 생성되어 운동의 지속이 불가능해진다. 채집수렵민이 뛰지 않는 것은 생활의 지혜이고, 보행이 더욱 효율적인 채집과 수렵행동을 위해서라고 생각할 수 있다.

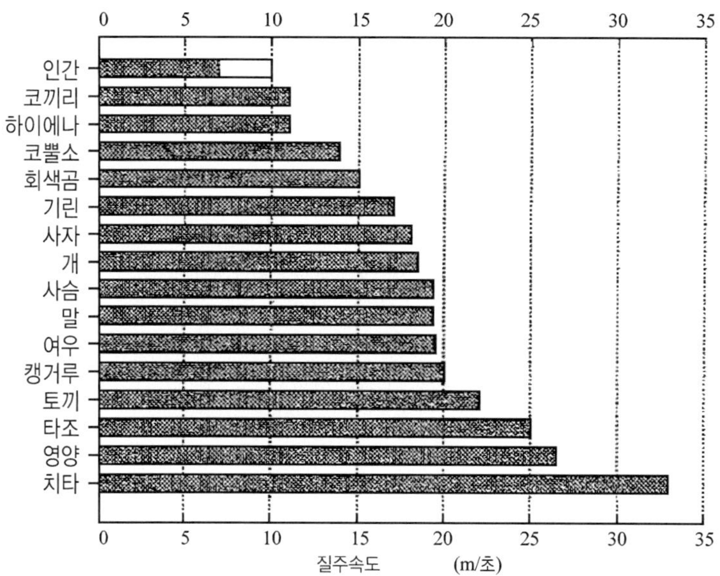

일반 사람의 경우 7∼8 m/초이지만, 사람의 100 m를 달리는 세계기록 (9초 83)으로부터 산출하면 사람의 최고 질주속도는 10.2 m/초이다.

그림 5.1 지상생활을 하는 동물의 질주속도(加古[6])

여하간에 달리기는 하지만 왜 느린동물인지 알아보자.

그림 5.1에 육지생활을 하는 동물의 질주속도를 나타냈다.[6] 인간이 어느 정도로 느리게 달리는 동물인가를 알 수 있다. 왜 인간이 뛰는 것이 느리냐면 동물과 비교해서 발이 가늘고 길며, 면적이 넓은 발의 형태 때문이다. 즉, 달린다는 운동은 지면을 차서 앞으로

나가는 동작이다. 표면을 차는 힘은, 접지 면적에 비례한다. 접지 면적이 적은 쪽이 단위 면적당 걸리는 힘이 강하고, 빨리 달리게 된다. 이 점에서, 접지 면적이 넓은 인간의 발은 같은 힘으로 지면을 차도, 힘이 분산해 버린다. 그리고 또 인간의 경우 달릴 때도 발꿈치부터 땅에 닿는다. 지면으로부터 떨어질 때까지의 시간이 길면 폭발적인 힘을 발휘할 수 없게 된다. 더욱이 인간은 두 개의 다리로 지면을 차기 때문에, 네 발을 사용해서 지면을 박차는 동물보다 불리하다. 따라서 인간은 적어도 단거리 주자로는 맞지 않고, "달리기가 뛰어난 동물은 아니다"라고 말할 수 있다.

이상의 예로 봐도, 인간은 "걷는 동물이다"라고 말할 수 있다. 채집수렵민이나 유목민은 시속 6~8 ㎞(분속 100~130 m/분)의 속도로[7] 1일 20~50 ㎞를 걷는 것도 신기하지 않다. 그리고 채집수렵민의 행동범위는 고릴라나 침팬지 등보다 훨씬 넓었다고 한다.[8] 따라서 인간은 두 다리로 걷기 때문에 지구력형의 동물이라고 말한다. 아마 인간은 그 우수한 두뇌와 보행 능력에 의해, 많은 동물들과의 생존 경쟁에서 이길 수 있었다고 생각하는 것이 타당하다.

이 보행습관은 인간이 농경민 또는 유목민이 된 이후에도 계속 이어져 왔다. 현대에도 공업 선진국 이외 사람들의 이동 수단은 보행 중심이다. 일본인들도 약 30~50년 전까지, 통근·통학 등을 포함한 이동 수단은 보행이 중심이었다. 그 보행에 더해, 노동은 자신의 신체를 움직이는 것이었다. 그랬던 것이, 오늘날의 생활에서는 통근·통학은 말할 것도 없이 이동 수단은 자동차나 지하철 등이 주류를 이루고, 하루의 대부분을 앉아서 일한다.

③ 인간은 어느 정도 운동하는 동물인가?

(1) 노동시간

채집수렵민과 원시적 농경민 또한 개발도상국에서는 공업 선진국의 경우처럼 스포츠 활동이 일반적이지 않다. 일상의 생계 활동이 바로 운동의 전부다.

인간은 그 역사의 99% 이상을 채집수렵인으로서 지내왔다고 생각되지만, 채집 농경민의 운동량은 조사되지 않았다. 채집수렵민의 조사를 오랜 기간 진행하고, 각 종(개체)의 채집수렵민의 조사 결과를 모은 Sahlins[5] 연구에 의하면 채집수렵민이 채집수렵에 소비하는 시간은 1일 2~4시간, 일주일에 2~4일이다. 그리고 또, 채집수렵 행동의 절반 이상의 시간을, 여성은 앉아서 잡담을 하고, 남자는 사냥감을 계속 기다리고 있든가 하면 때때로 기다리다 졸기도 하면서 지냈다. 따라서 채집수렵민이 생계 활동에 소비하는 노동시간은 결코 길지 않다고 말할 수 있다. 농경 사회가 되면서 노동 시간이 길어졌다고 생각된다. 그러나 그래도 원시 농경민은 농사 등의 생계 노동시간이 1시간 40분~4시간 43분 정도[5] 라고 말한다. 또 네팔의 자급자족을 하는 농민들은 농한기에 여성이 2시간 40분, 남성이 2시간 15분, 농번기에는 여성이 4시간 47분, 남성이 4시간 04분이라고 보고[9] 되어 있다.

그림 5.2에 고혈압 환자가 드물고 비만 환자나 고지혈증 환자, 허혈성 심장 질환이 의심되는 심전도 이상자 등이 전혀 없는 네팔의 구릉지에서 자급자족 생활을 영위하는 농민의 하루 동안 걷는 도보수를 표시했다. 하루 동안의 걷는 도보수가 비교적 적은 것은 산후 6개월 이내의 수유·육아기의 20대 정도의 여자 두 명이었다. 이

같은 예를 제외하면, 그 외의 대부분이 1일 1만 보 이상이고, 전체 평균(34±11세)으로 14,263±4,486 도보였다.

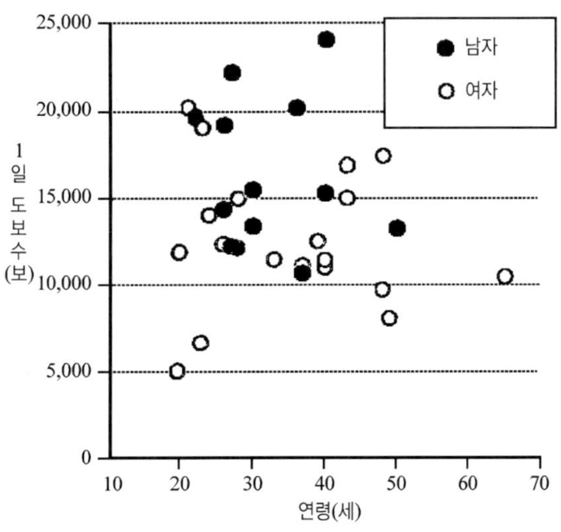

그림 5.2 네팔 구릉지역 농민의 하루 보행 수

또 그림 5.3에는 같은 지역 주민의 24시간 심전도를 측정하여 하루 생활 중에 심박수가 100박/분을 넘는 시간을 표시했다. 개인차가 지극히 크지만, 심박수가 100박/분을 넘은 시간이 30분 이내의 사람은 3명밖에 볼 수 없고, 대부분의 사람이 1시간 이상 수 시간에 걸쳐 심박수가 높아져 있었다. 단 심박수가 140박/분 이상 상승하는 시간은 그렇게 많지 않았다. 이와 같이 공업 선진국화 이전의 사회에서는 심박수가 중등도를 상승하는 시간이 꽤 있었다고 생각된다.

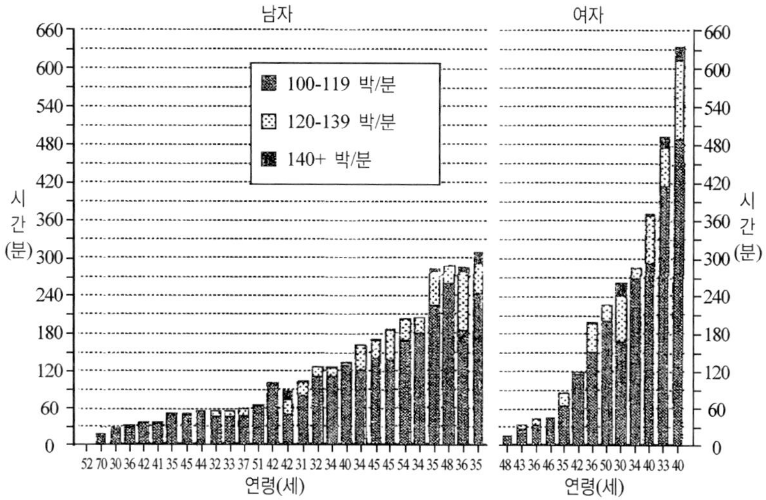

그림 5.3 네팔 구릉지역 농민의 일상생활에 있어서 심박수 100박/분 이상의
　　　　출현시간

(2) 인간으로서 최소 운동량은?

유명한 영양생리학자 Mayer교수의 두 개의 실험 결과를 그림
5.4[10] 및 그림 5.5[11]에 나타냈다. 그림 5.4는, 실험용 쥐의 하루 운
동 시간과 섭취 칼로리, 체중의 관계를 검토한 결과이다. 하루 한
시간 운동시킬 때가 먹는 양이 가장 적고, 운동을 시키지 않으면
먹는 양이 증가하고 그에 따라 체중도 증가했다. 하루 운동 시간이
1〜6시간 이내 사이에서는 운동 시간의 증가에 따라 먹는 양도 증
가하지만 체중의 증가는 보이지 않았다. 거기에다 운동 시간이 길어
지면 먹는 양도 체중도 감소됐다. 이러한 결과에서 Mayer교수는 실
험용 쥐는 1시간 이상 운동하는 것이 정상이고, 정상 생활을 하는
한 비만은 일어나지 않는다고 결론지었다.

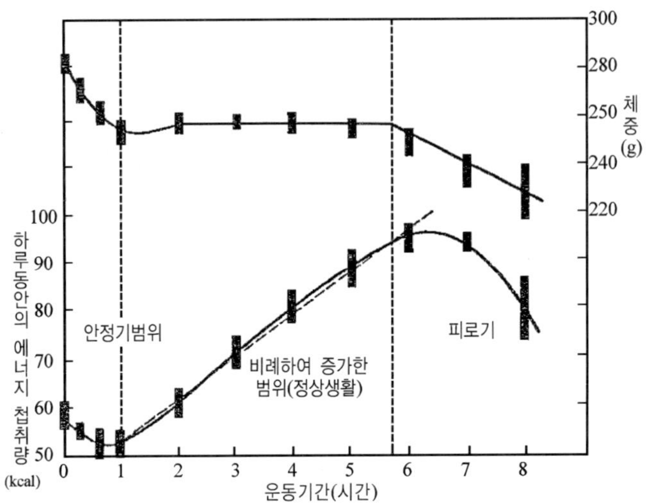

그림 5.4 정상적인 실험쥐의 하루 운동 시간과 섭취 에너지 및
체중(Mayer[10])

같은 방식으로 그는 서 방글라데시의 방직 공장의 종업원 중에서 집단의 평균적인 신장의 남자에 대하여 쥐 실험과 똑같은 방법으로 조사 연구했다(그림 5.5). 이들의 결과는 쥐의 경우와 같았다.

그러면 인간으로서 정상 활동 범위의 하한점은 어느 정도일까? Mayer 교수의 연구 결과로는 사무 Ⅱ～Ⅳ가 정상 활동 범위의 하한이라고 말할 수 있다. 사무 Ⅰ～Ⅳ는 모두 앉아서 일하는 노동 종사자들이나 사무 Ⅳ만 축구를 하게 했다. 사무 Ⅰ～Ⅲ의 구분은 통근 거리로 나눴다. 왜냐하면, 이 지방은 버스 등이 없고 모두 걸어서 통근하기 때문이다. 편도의 통근 거리는 사무 Ⅱ가 4.8 km 사무 Ⅲ이 9.7 km였다. 이러한 편도 통근 거리를 왕복 통근시간으로 계산하면 사무 Ⅱ가 약 90분 사무 Ⅲ이 약 180분이 된다. 따라서 사람의 정상 활동 범위의 하한은 1일 90분에서 180분 정도 걷는 것이 될지 모른

다. 또 사무 Ⅰ(편도 통근거리 1.6 ㎞)의 체중도 사무 Ⅱ～Ⅳ와 차이
가 없기 때문에 비만 예방에는 1일 30분 이상의 운동이 좋을지도 모
른다.

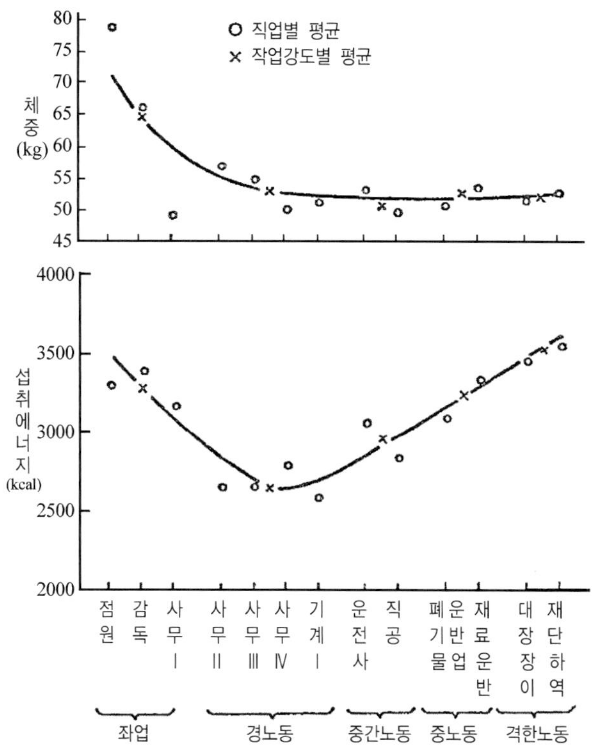

그림 5.5 서 방글라데시 직물공장의 노동자 작업강도와 섭취
에너지 및 체중(Mayer 등[11])

사람의 최소 운동량은 밝혀지지 않았다. 현재 일본인은 소비 에너
지로 말하면 하루 200～300 kcal에 상당하는 만큼 신체활동이 감소
하고 있다고 말한다. 평균적인 체격의 성인 남자가 분당속도 90～
100 m의 속도로 걸으면 1분간 약 4～5 kcal를 소비하기 때문에 20

0~300 kcal는 약 40~75분의 보행에 해당된다. 이상을 고려하면, 인간은 적어도 1일 30분 이상, 통상적으로 1시간~수 시간은 신체를 움직여야 하지 않을까 생각된다. 그리고 그 운동은 반드시 격렬한 것은 아니라고 생각된다.

④ 일본인의 현상

그림 5.6에는 30세의 남자 샐러리맨이 아침에 일어나서부터 일상의 근무를 끝내고 집에 돌아올 때까지의 심박수를 나타냈다.[1] 이 남자는 도보, 지하철 및 버스로 통근하고 대부분 실내에서 사무적인 작업을 하는 평균적인 일본인이다. 도보 통근 시 심박수는 100~130박/분이나, 그 이외 시간대의 심박수는 70~90박/분이었다. 이처럼 하루의 심박수는 미국, 캐나다, 노르웨이, 스웨덴 등의 주민에서도 보고되어 있다. 그리고 그들의 결과를 보아도 특별히 의식해서 운동하지 않는 한 일상생활에서는 심박수가 100박/분을 넘는 일은 극히 적었고 심박수가 100박/분을 넘는 것은 몇 분 안 됐다는 보고가 많다.[7] 따라서 공업 선진국에서는 운동이 부족하고, 또 일상생활에서 가장 격렬한 운동은 통근 시의 보행이라고 말할 정도이다. 관련하여 이 남자의 하루 도보수는 통상 6,500~8,500보로 심박수 기록 시의 보행수가 7,600보 였다. 그리고 그중 약 반수가 통근 시의 보행(3,780보)이었다.

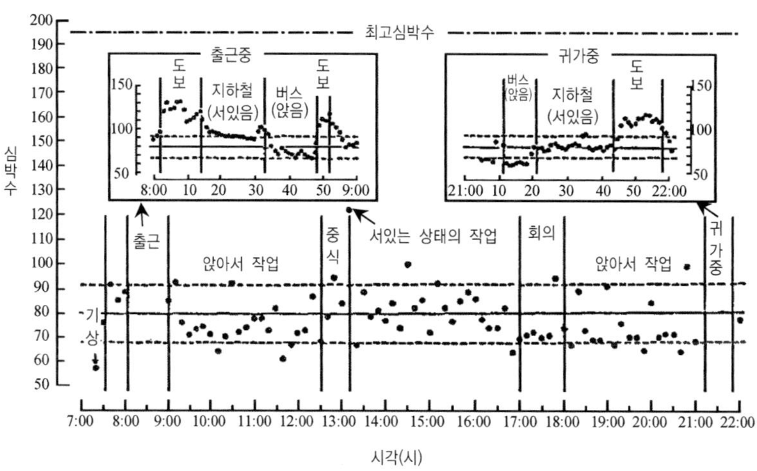

그림 5.6 30세 남자 회사원의 하루중 심박수 변화(大柿)

국민 영양조사에서도 하루의 걷는 양을 조사했다. 1996년의 조사 결과를 보아도 하루 보행 수는 전체 평균적으로 7,532±4,192보였다. 이 수는 앞에 표시한 네팔인 보행수의 약 절반이다. 그리고 70세 이상의 고령자를 제외한 중·고령자라도 하루의 보행수가 4,000보 이하의 사람이 12~25%에 달한다. 보통 걸으면 4,000보는 약 35~ 45분간 걷는 양이다. 지금 일본인은 약 35~45분에 걸을 수 있는 거리를 하루 종일 걸어도 다 걷지 못하는 사람이 많다는 것이다. 이 국민 영양조사에서도 하루에 걷는 양이 적은 사람일수록 HDL-콜 레스테롤이 적다는 결과가 나왔다. 따라서 걷는 양이 적은 사람이 생활습관병 질환에 걸릴 가능성이 높다고 생각된다.

과거에는 식량을 얻는 수단이 운동이었고 그 중심이 보행이었다. 오늘의 공업 선진국에서는 동물로서 필요한 최저한도의 운동량조차 확보할 수 없는 상황이다. 인간이 동물이고 직립이족 보행을 행하여 온 것을 생각하면 인간의 생체기능의 유지, 신체기능의 저하방지,

또 생활습관병의 예방을 위해서도 걷는 운동은 중요하다고 생각된다. 다시 한번 인간의 원점으로 돌아가 '걷기'를 다시 생각할 필요가 있다고 사료된다.

Ⅲ. 운동의 생리

운동은 여러 종류로 분류가 가능하다. 여기에서는 운동을 이해하기 위해서 운동 에너지의 공급계 및 산소의 운반, 소비계에 대해서 알아보자.

① 운동과 에너지

운동은 골격근의 수축과 이완에 의해서 행해진다. 근육의 수축을 위해서는 에너지가 필요하다. 이 에너지는 고에너지가 결합된 아데노신 3인산(3ATP)의 분해에 의해 얻어진다. 그러나 골격근의 ATP 저장량은 근육을 1, 2초 수축시킬 정도로 극히 적은 양밖에 없다. 따라서 ATP는 보충하지 않으면 안 된다. ATP를 보충하는 방법에는 그림 5.7에 표시한 것과 같이 세 가지 방법이 있다.

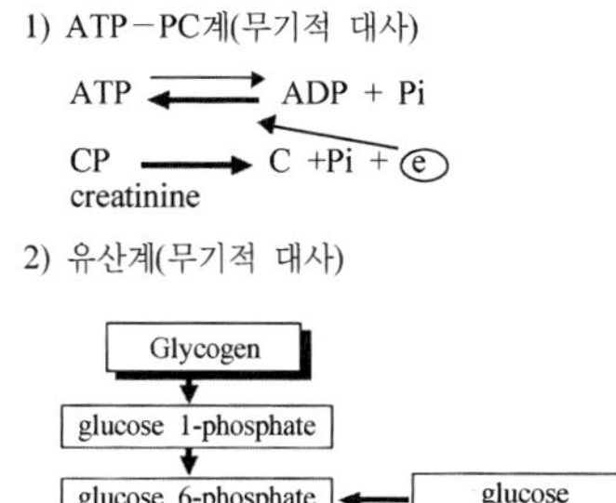

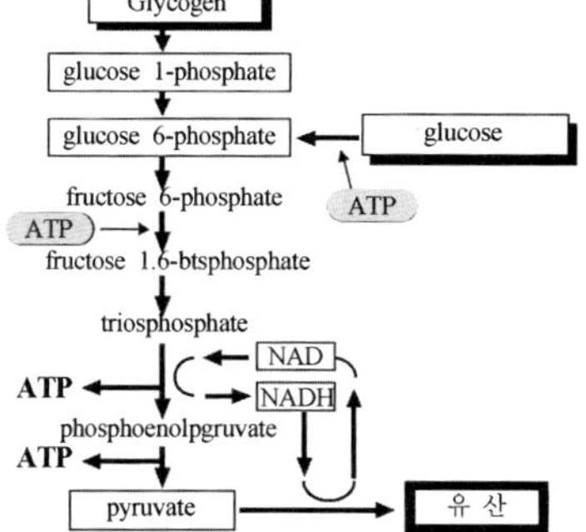

그림 5.7 ATP생성의 3가지 경로

(1) ATP - PC계

골격근에 저장되어 있는 크레아틴 인산(CP)을 분해하여 먼저 분해된 ATP를 재합성하는 방법이 있다. 이러한 반응은 산소가 없어도 이루어진다. 또한 근육 중에 저장되어 있는 ATP와 PC를 이용하기 위해 에너지 생산 속도는 극도로 빠르고 파워도 매우 크다. 따라서 순발적인 운동 시에 에너지 공급이 가능해진다. 그러나 골격근의 CP 저장량에는 한계가 있어 전력으로 운동을 하면 ATP-PC계의 에너지 공급은 약 10초밖에 지속되지 않는다.

(2) 유산계(乳酸系)

유산계는 글리코겐과 글루코오스를 피루빈산까지 분해하는 사이 ATP를 생산하는 과정이다. 이 계(系)도 무산소 반응으로 일어나고 산소의 공급이 충분치 않으면 유산이 생성·축적된다. 이 과정을 유산계라 부른다. 1분자의 글리코겐 또는 글루코오스로부터 4개의 ATP가 생성된다. 글리코겐의 분해에 1분자, 글루코오스 분해의 경우에 다시 1분자를 필요로 하기 때문에 ATP의 이득은 글리코겐으로부터는 3 ATP, 글루코오스로부터는 2 ATP 적다. 이 계는 ATP-PC계 다음으로 공급 속도가 빠르고, 파워도 비교적 크다. 그러나 유산은 골격근의 완충 기능과 해당계의 여러 효소 활성을 저하시켜 최종적으로는 골격근의 수축을 중지시켜 버린다. 통상적으로 3분 이내밖에 지속할 수 없는 격렬한 운동 시의 에너지이다.

(3) 산소계

산소계의 글리코겐과 글루코오스를 피루빈산까지 분해하는 과정은, 유산계와 같다. 그러나 산소의 공급이 충분하면, TCA회로 및 호흡연쇄(전자전달계 회로)를 거쳐, 최종적으로 ATP와 물(H_2O) 및 이산화탄소(CO_2)를 생산하는 계로 진행한다. 이 계에서는 산소가 필요하기 때문에 산소계 또는 유산소계라 부른다. 산소계에서 ATP의 이득은 글리코겐 한 분자당 39 ATP, 글루코오스 한 분자당 38 ATP로, 유산계에 비해 많은 ATP가 얻어진다. 또 이 산소계만이 지방과 단백질도 에너지원으로 이용할 수 있다. 대표적 지방산인 팔미틴산 한 분자가 분해하면 130분자라는 대량의 ATP가 생산된다. 이 계의 반응은 복잡하기 때문에 ATP의 공급이 느리고, 파워도 적다. 그러나 최종 대사산물이 물과 이산화탄소여서 물은 땀으로 이산화탄소는 호흡에 의해 배출된다. 또 신체에는 다량의 탄수화물, 지방, 단백질이 저장되어 있다. 이러한 저장 영양소 때문에 산소계에서는 거의 무한대의 에너지 공급이 가능해진다.

② 운동과 산소

산소 공급이 없는 또는 산소 공급이 부족한 조건하에서는 운동을 오래 지속할 수 없다. 운동을 지속시키기 위해서는 산소가 필요하게 된다. 신체가 1분간에 섭취(소비)하는 양을 산소 섭취량(산소 소비량: VO_2)이라고 한다. 안정 시의 산소 섭취량은 0.2~0.3 L/분(3.5 mL/kg/분)이다. 운동에 필요한 에너지는 산소의 공급에 의해 제공되기 때문에 운동의 강도가 증가하면 그만큼 많은 산소가 필요하다. 따라서 산소 섭취량은 운동 강도와 직선적인 비례 관계에 있다. 그 직선 관계는 개인이 할 수 있는 거의 한계의 강도까지 성립한다.

개인의 산소 섭취량의 한계치를 최대 산소 섭취량(maximal oxygen uptake: VO_2max)이라고 한다. 최대 산소 섭취량은 성, 연령 혹은 운동 습관에 의해 다르다. 20세 전후의 일반 남자에서는 40~50 mL/kg/분(2.5~3.5 L/분)이고, 여자는 35~45 mL/kg/분(2.0~3.0 L/분)이고 그 후 나이가 듦에 따라 저하한다. 높은 지구력을 가진 운동 경기자는 75~85 mL/kg/분(4.5~6.0 L/분)에 달한다.

최대 산소 섭취량은 산소 운반에 관여하는 폐, 심장, 혈액 등의 호흡순환계 기능과 근육에서 ATP생성에 관여하는 대사계 기능이 통합된 지표이다. 최대 산소 섭취량이 크면 그만큼 에너지 생산량이 많아진다. 그렇기 때문에 이전에는 지구력을 요구하는 경기자의 체력 지표로 쓰여 왔다. 최근에는 일반 사람들의 총체적인 체력의 지표로 쓰이고 있다. 즉 최대 산소 섭취량이 큰 사람은 일상생활에서 운동을 하는 사람이다. 운동의 결과 호흡 순환계나 대사계가 자극을 받게 되고 운동을 정기적으로 행하고 있는 최대 산소 섭취량이 높은 사람은 대사성 질환과 순환기계 질환에 걸리기 어렵다고 생각된다. 또 일상의 생활 행동 대부분이 유산소적 활동이어서, 최대 산소 섭취량이 크면 일상 생활에서 여유력도 크다고 할 수 있다.

③ 운동과 호흡 순환계 · 대사계의 응답

(1) 호흡 순환계

산소는, 헤모글로빈과 결합되어 혈액에 의해 운반되고, 조직에 이용된다. 산소 섭취량은 1분간에 사용된 양이기 때문에 1분간에 심장(좌심실)에서 박출된 혈액량(심박출량: L/분)과 조직에서 이용된 산소 농도와 곱한 값이다. 심박출량은 1분간 박출된 혈액량이고, 좌심실의 1회 수축에 의해 내보내진 혈액량(1회 박출량: mL/박)과 1분간의 심장의 박동수(심박수: 박/분)와 곱하여 표시된다. 좌심실부터 박출된 동맥혈에는 약 19 vol% (혈액 100 mL당 19 mL)의 산소가 포함되지만 그 산소가 모두 조직에서 쓰이는 것은 아니다. 사용되지 않은 산소는 정맥혈에 포함되어 다시 심장으로 돌아간다. 따라서 조직에서 이용된 산소 농도는 동맥혈과 혼합 정맥혈의 산소 함유량의 차(동정맥 산소차)에 해당한다. 이러한 관계를 식으로 표시하면 아래와 같은 관계식이 성립된다.

$$\text{산소 섭취량(1 L/분)} = \text{심박출량(L/분)} \times \text{동정맥 산소차(vol\%)}$$
$$= \text{1회 박출량(mL/박)} \times \text{심박수(박/분)}$$
$$\times \text{동정맥 산소차(vol\%)}$$

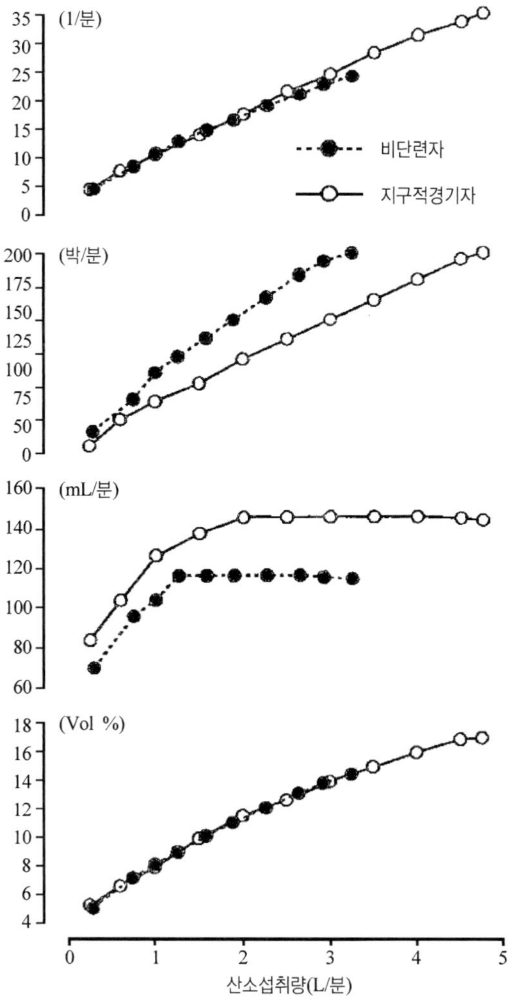

그림 5.8 산소 섭취량과 순환계 제인자와의 관계

이들 지표와 산소 섭취량과의 관계를 표시하면 그림 5.8과 같다. 동맥혈의 산소 농도는 안정 시에도 거의 포화 상태이고, 운동 중에도 대체로 변화를 보이지 않는다. 한편 정맥혈의 산소 농도는 산소 이용이 높아짐에 따라 감소한다. 그렇기 때문에 동정맥 산소차는 산소 섭취량과 거의 비례 관계가 된다. 따라서 산소 섭취량과 심박출량 간에도, 거의 직선적 관계가 성립한다. 그러나 1회 박출량은 좌심실의 용적에 한계가 있기 때문에 낮은 운동 강도(40~60% VO_2max)에도 한계에 달한다. 그렇기 때문에 그 이상의 강한 운동에서는, 조직에서의 산소 수요를 만족시키기 위해서 심박수 증가로 대응하지 않으면 안 된다. 따라서 최대 산소 섭취량의 40% 정도에 해당하는 강도 이상의 운동에서는 산소 섭취량(운동 강도)과 심박수 간에도 직선적 관계가 성립하게 된다.

(2) 무산소적 작업 역치

이처럼 산소의 운반 소비계의 지표는 1회 박출량 이외는 운동 강도, 즉 산소 섭취량과 직선 관계에 있다. 그러나 어느 정도의 운동 강도에서는 근육에서 에너지 생산계에 변화가 일어나고 있다. 그림 5.9에는 운동 강도와 혈중 유산과의 관계를 나타냈다. 유산은 안정 시나 낮은 운동 강도에서도 생산되고 있지만 골격근과 심근, 신장, 간장 등에서도 산화되고 있다. 그렇기 때문에 안정 시나 가벼운 운동 시에는 생산과 산화의 밸런스가 취해져 있다(안정 시의 혈중 유산 농도는 혈액 1 L당 0.5~1 ㏖이다). 운동에 필요한 에너지가 모두 산소계에서 공급되는 비교적 가벼운 운동 강도에서는 유산의 생산도 적고 또 유산은 충분히 산화된다. 그러나 운동 강도가 어느 정도 이상이 되면 산소의 공급이 충분하지 않아 운동에 필요한 에너지 공급이 유산계에 의존하게 되어 얻을 것이 없다. 그 결과 유산이 근육 안에서 생성되어 그 산화가 충분하지 않고 결국은 혈중에 출현하게 된다.

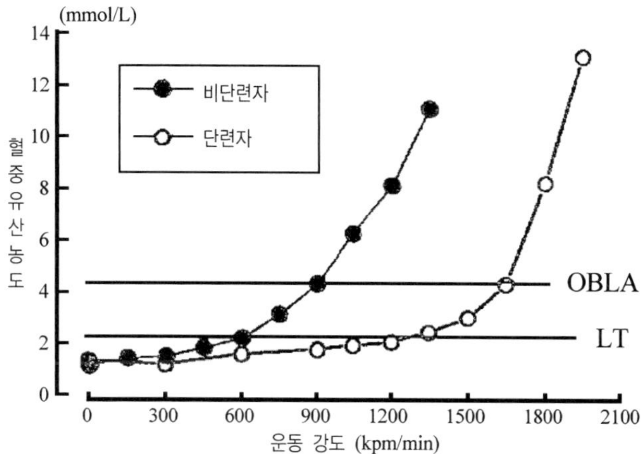

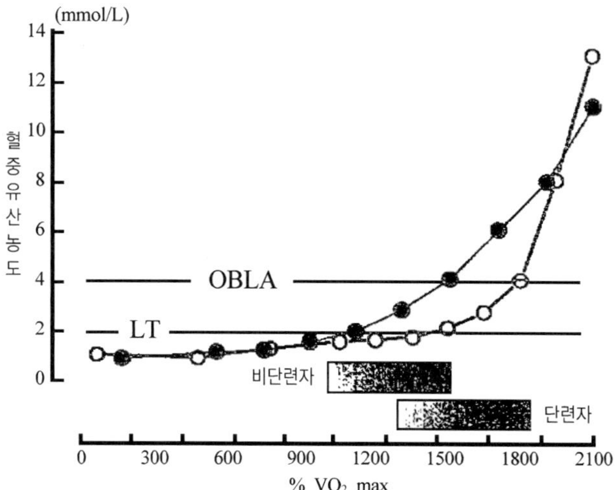

- 위: 절대부하강도
- 아래: 상대부하강도

그림 5.9 운동 강도와 혈중 유산 농도의 관계

이와 같이 에너지 대사에 있어 산소계에 유산계가 가해지는 점을
무산소적 작업 역치(anerobic threshold: AT)라고 한다. 무산소적 작

업 역치의 정의는 일정하지 않으나 혈중 유산 농도가 혈액 1리터에 2 mmol에 상당하는 점을 유산 역치(lactate threshold: LT)라 하고, 4 mmol에 상당하는 점을 유산 축적 개시점(onset of blood lactate accumulation: OBLA)이라 한다.

혈액은 약 알칼리성(pH 7.3~7.4)으로 유지되고 있다. 그러나 유산(La · H)은 강산(强酸)이어서 혈중의 유산농도가 상승하면 이것을 중화시키기 위해 혈액 중의 중탄산나트륨($NaHCO_3$)이 다음과 같이 작용한다(혈액의 산염기 완충작용).

$$La \cdot H + NaHCO_3 \rightarrow NaLa + H_2CO_3 \rightarrow H_2O + CO_2$$

여기에서 생긴 CO_2는 조직에서 대사로 생성된 CO_2에 가산되어, 그 결과 혈액 중의 CO_2 농도가 높아진다. 혈중 CO_2 농도의 증가는 뇌간과 경동맥, 대동맥의 화학적 수용기를 자극하고, 반사적으로 호흡수와 1회 호흡량을 증대시킨다. 운동이 가벼운 경우는 환기량(호흡수×1회 환기량)도 산소 섭취량(운동 강도)과 비례 관계에 있다. 그러나 혈중 유산 농도가 상승하는 유산 역치 및 유산 축적 개시점을 경계로 호흡수가 많아져 호흡의 난조가 일어나고 환기량의 급격한 증대가 일어난다. 또 무산소적 작업 역치를 넘으면 혈중 카테콜아민 농도가 상승하고 혈압 상승이 현저해지는 등 신체가 긴급 체제를 취하게 된다.

4 운동 강도의 지표

(1) 최대 산소 섭취량에 대한 상대강도(% VO₂max)

산소 섭취량은, 운동 강도와 직선적 관계에 있다. 따라서 운동 강도를 산소 섭취량으로 나타내는 것이 가장 정확하다. 그러나 최대 산소 섭취량에는 커다란 개인차가 있다. 어느 정도 강도가 있는 운동을 행할 때 산소 섭취량이 동일 수준이라도 그 운동의 생체 부담도는 개인마다 달라 상대적인 운동 강도는 동일하지 않다. 거기서 어느 운동에 필요한 산소 섭취량이 개인의 최대 산소 섭취량의 몇 %에 상당하는가, 즉 % VO₂max로 표시하는 것이 가장 좋은 방법이다.

(2) 무산소적 작업 역치

무산소적 작업 역치를 경계로 혈중 유산 농도의 상승이 현저해진다. 근육으로의 유산 축적은 근수축을 저해하기 때문에 운동의 지속이 어렵게 된다. 따라서 운동에서 소비하는 에너지의 총량도 제한된다. 또 유산계가 대사의 주를 차지하게 되고 에너지원은 탄수화물(글리코겐, 글루코오스)이 주체가 되어 지방은 이용되지 않는다. 따라서 무산소적 작업 역치를 상회하는 강도의 운동에서는 혈중 카테콜아민 농도의 증가, 혈압의 현저한 상승, 환기량의 증가 등에 의해 생체의 부담이 크다. 이러한 이유 때문에 비만·고지혈증·당뇨병의 예방과 증상의 경감을 위한 운동 또는 고혈압 환자와 허혈성 심장질환자에 대한 운동 요법과 리하빌리테이션 등의 운동 강도로서 무산소적 작업 역치가 이용되고 있다. 또 최근에는 지구력 향상의 트레이닝으로서 장거리 선수나 마라톤 선수에 있어서도 무산소적 작업 역치에 상당하는 강도의 운동이 이용되고 있다. 무산소적 작업 역치는 트레이닝에 의해서 높아진다. 일반인은 45~60% VO_2max, 지구력을 필요로 하는 경기자는 60~85% VO_2max에 상당하는 운동 강도에 있다.

(3) 심박수(Heart Rate: HR)

산소 섭취량과 심박수 간에는 직선적 관계가 성립한다. 그러나 1회 박출량은 개인차가 크기 때문에 그 직선적 관계도 개인에 따라 크게 다르다. 그렇지만 심장이 박동할 수 있는 한계는 연령에 의존하고 최고 심박수는(220-연령)에 의해 예측할 수 있다. 때문에 운동 강도를 %VO_2max로 표시하면 연령이 같으면 체력에 관계없이 %VO_2max와 심박수와의 관계는 하나의 직선으로 나타낼 수 있다. 따라서 심박수가 운동 강도의 지표로 자주 이용된다.

운동 강도를 심박수로 표시하는 방법에는 2가지 방법이 이용된다. 하나는 연령으로부터 예측되는 최고 심박수(220-연령)의 몇 %에 상당하는 운동 강도인가(%HRmax)로 표시하는 방법이다. 그러나 이 방법은 개인차가 큰 안정 시의 심박수를 고려하지 않은 결점이 있다. 즉 %HRmax강도는 %VO_2max 강도와는 일치하지 않는다. 이에 대해 다음 식으로 표시하는 목표 심박수(Karvonen법)는 그대로 %VO_2max강도를 반영하기 때문에 운동 강도의 좋은 지표가 된다.

목표 심박수=(최고 심박수-안정 시 심박수)
×운동 강도+안정 시 심박수

여기에서 최고 심박수는 (220-연령)이고, 안정 시 심박수는 심신이 편안하게 앉은 안정 상태에서의 심박수이다. 또 운동 강도는 50% VO_2max 강도라면 0.5를 60% VO_2max 강도라면 0.6이 된다.

(4) Mets

일본에서는 운동과 노동의 강함을 표시할 때 전통적으로 에너지 대사율(RMR)이 이용되어 왔다. 여기에 대해 최근에는 구미를 중심으로 Mets (metabolic equivalents)가 이용되고 있다. 즉 안정 시의 산소 섭취량이 체중당 거의 약 3.5 mL/분이고, 이것을 1단위(1 Met)로 하여 운동 중과 노동 중의 산소 섭취량이 그 몇 배에 상당하는가를 표시한다. RMR과 비슷한 표시 방법이 있는데 RMR이 기초 대사량을 기준으로 하고 있는 것에 대해서 Mets는 안정 대사량을 기준으로 하고 있다. 일본에서는 대부분의 일상 활동과 스포츠에 대해서 RMR이 분명히 밝혀져 있다. 기초 대사량은 안정 시 대사의 약 0.83배이다. 따라서 RMR과 Mets와는 상호 환산이 가능하다. 예를 들면 Mets는 (RMR×0.83＋1)에 의해 구할 수도 있다.

⑤ 운동 후의 대사항진

운동 중에는 운동 강도에 따라 산소 섭취량과 심박수 등이 증가한다. 그리고 운동 중에 증가한 산소 섭취량은 운동 후에 서서히 감소하고 1시간 이내에 안정치로 되돌아 간다고 생각되어 왔다. 이 운동 후 1시간 정도의 산소 섭취량의 증가는 "산소부채"라고 불리어 왔다. 그러나 1984년에 그때까지의 보고를 비판한 Gaesser와 Brooks[14]는 운동 후에도 수 시간의 산소 섭취량의 증가를 지속하는 가능성을 지적했다. 그리고 장시간에 미치는 운동 후 산소 섭취량의 증가를 EPOC (Excess Post‒exercise Oxygen Consumption)라고 이름 붙였다. 우리들의 연구[15]에서는 그림 5.10에 나타낸 대로 50% VO_2max 강도와 70% VO_2max 강도로 1시간의 운동을 했을 경우, 운동을 하지 않은 컨트롤 실험에 비교하면, 50% 강도에서 운동 후 2시간, 70% 강도에서의 운동 후 6~8시간에 길친 산소 섭취량의 항진이 인정되었다. 또 심박수는 운동 후 7~8시간에 걸쳐 높은 그대로였다.

이 운동 후 과잉 산소 섭취량(EPOC)의 메커니즘은 밝혀지지 않았다. 그러나 컨트롤 실험에 비교해 또 운동 강도와 운동 시간 또는 EPOC의 크기에 비례해 호흡 교환비가 운동 후 수 시간에 걸쳐 저하되는 것, 혈중의 유리 지방산과 글리세롤이 높아지고 있는 것에서, 운동 후에 지방 대사의 항진이 일어날 가능성을 생각할 수 있다.

종래, 운동의 영향은 운동을 하고 있는 중에만 대사 변화를 주목해 왔다. 그러나 운동 후의 대사 항진은 운동 중에 소비한 총 에너지양의 4~25%에 상당한다[16]고 생각된다. 이와 같이 운동 후의 대사 항진이 길게 이어지고, 또 특히 지방 대사의 항진이 지속되면 될수록 운동 에너지 소비량, 운동의 비만과 당뇨병에 미치는 영향에 대해서는, 이와 같은 운동 후의 대사 항진의 영향도 고려할 필요가 있다.

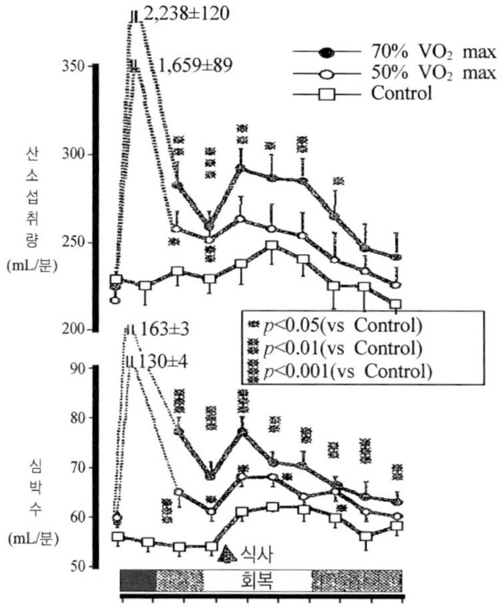

그림 5.10 운동 후 산소 섭취량 및 심박수(Ogaki 등[15])

Ⅳ. 건강의 유지 증진을 위한 운동

현대의 중대한 질병 건강 장해는 생활습관병이 주류이다. 그 생활습관병의 중심을 이루는 것이, 허혈성 심질환과 고혈압, 동맥경화 등의 순환계 질환과 당뇨병, 고지혈증 비만 등 대사관련 이상이다. 따라서 현대 생활에서 가장 중시하지 않으면 안 될 운동은 순환기계와 대사계에 자극을 가져오는 운동이다. 또 건강 유지 증진을 위한 운동은 안전하지 않으면 안 된다. 이하 건강 유지 증진을 위한 운동의 종류, 운동의 강도, 운동의 시간 등에 대해서 서술한다.

① 운동의 종류

운동은 에너지 생산계에 기초하여 무산소 운동, 유산소 운동, 거기에 많은 스포츠 경기처럼 유산소 운동과 무산소 운동이 결합된 혼합 운동으로 대별된다.

유산소 운동은 심장으로의 부담이 비교적 가볍고, 운동에 따르는 교감 신경계의 흥분도 적고, 혈압의 상승도 비교적 가벼워 안전하다. 또 비교적 가벼운 운동이기 때문에 근육과 뼈, 관절과 힘줄 등에 부담도 적다. 더욱 유산소 운동의 에너지는 탄수화물과 지방에서 얻어진다. 그래서 운동이 오랫동안 지속될 수 있다. 따라서 유산소 운동은 길고 가벼운 자극을 호흡 순환계에 가하는 것과 동시에, 소비 에너지를 증대시키고, 그 에너지원으로서 탄수화물뿐만 아니라 지방의 이용도 꾀한다.

그렇지만 에너지 생성계는 연속체이기 때문에, 운동을 완전하게 유산소 운동과 무산소 운동으로 구분하는 일은 어렵다. 예를 들면 동일한 운동이라도, 천천히 걷는 경우에는 유산소 운동이 되고, 전력에 가까운 스피드로 달리면 무산소 운동이 된다. 운동 지속시간으로 나누면 수십 초밖에 지속할 수 없는 격렬한 운동은 완전한 무산소 운동 또 수분에서 10분 정도로 피로를 느끼는 운동은 무산소적 요소가 강한 운동이라고 생각해도 좋다. 10분 이상 지속하는 운동은 유산소적 요소가 강한 운동이다. 그러나 10분 이상 계속되어도 많은 스포츠 경기처럼, 유산소적 운동을 주체로 하면서 점프와 대시, 스매시 등 순간적으로 무산소 운동이 가해지는 운동도 있다. 특히 농구와 축구, 배드민턴 등은 무산소적 요소도 강한 운동이다.

건강 유지 증진의 운동으로서, 유산소 운동이 장려된다. 특히, 일부 근육을 사용하는 운동이 아니고, 전신적인 근육을 동원하고, 거기에 리드미컬하게 반복되는 동작의 운동이 좋다. 보행과 빨리 걷기, 조깅, 러닝, 사이클링, 수영, 수중 보행 등이 대표적인 운동이다. 또 운동의 효과에 즐거움의 요소가 가미된 댄스, 에어로빅 댄스, 수중 발레 등도 추천되는 운동이다. 다만, 앞에서도 서술한 것처럼, 유산소 운동은 운동 강도에 의존하기 때문에 수영과 에어로 빅댄스, 사이클링, 또는 수 분간밖에 지속할 수 없는 줄넘기 운동 등도 심하게 하면 무산소 운동이기 때문에 주의가 필요하다. 마찬가지로 많은 스포츠 경기 중 무산소적 요소가 강한 운동 또는 근육과 관절에 강한 부하가 걸리는 운동의 실시에는 충분한 주의가 필요하다.

② 운동 강도

일상생활 대부분의 활동이 유산소 운동이고, 그 강도는 30~40% VO_2max 이하이다. 운동의 효과를 올리기 위해서는 그 이상의 강도로 운동을 행할 필요가 있다. 한편, 일반인의 무산소적 작업 역치의 상한은 60~70% VO_2max이고, 그 이상의 강도에서는 무산소 대사가 차지하는 비율이 많게 된다. 따라서 건강의 유지 증진을 위한 운동으로서 40% VO_2max 이상, 70% VO_2max 이하의 강도가 좋다. 일반적으로는 50~60% VO_2max 강도의 운동이 권장된다.

예를 들면 그림 5.11은 주부가 45% 또는 55% VO_2max 강도로 한 시간 걷고 또는 70% VO_2max 강도로 1시간 달렸을 때의 호흡 교환비와 혈중의 유리 지방산 농도의 변화이다. 55% 강도로 운동할 때가 가장 호흡 교환비가 적고, 유리 지방산의 증가도 크다. 따라서 운동 에너지원으로서 보다 지방에 의존하게 된다. 지방 대사의 항진은 뛰기보다는 걷는 쪽이 크다는 것을 알 수 있다.

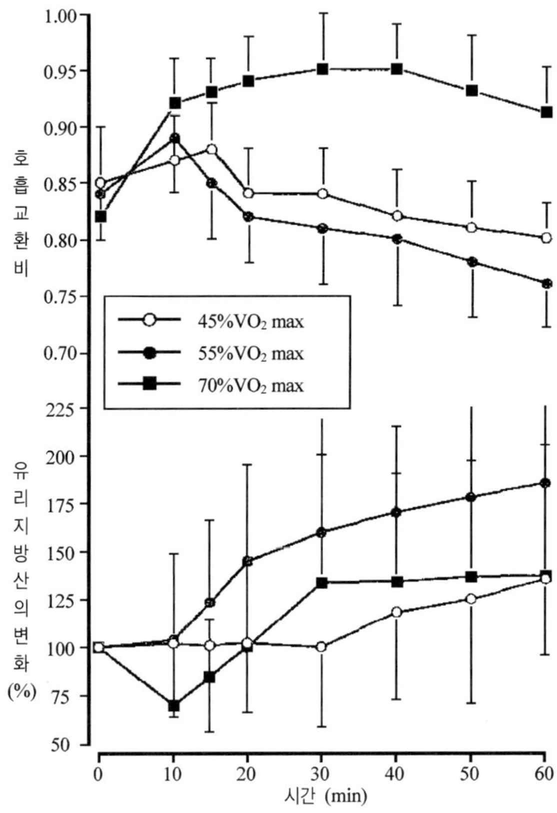

그림 5.11 운동 강도와 호흡교환비 및 혈중 유리지방산
농도의 변화

건강의 유지 증진을 위한 운동으로서 40% VO_2max 정도의 운동에서 시작하여 체력의 향상과 운동에 익숙해짐에 따라 50~60% VO_2max 강도의 운동을 하는 것이 좋다고 생각된다. 덧붙여서 50~60% VO_2max 강도는 '속보'에 상당하고, 70% VO_2max 강도가 조

킹(걷고 있는 사람에게 구보하여 따라가는 정도)에 상당하다.

③ 운동의 시간과 빈도

운동의 효과는 운동량(강도×시간×빈도)에 영향을 받는다. 그림 5.12는 최대 산소 섭취량의 증가가 기대되는(그림 속의 사선부분) 운동 강도와 시간의 조합[17]이다. 운동 강도가 높으면 짧은 시간에 효과가 얻어지고, 역으로 운동 강도가 낮고 운동 시간이 길면 효과가 기대된다. 70% VO_2max 이상의 강도라면 1일 5분간이라도 최대 산소 섭취량의 증대를 기대할 수 있다. 그러나 건강의 유지 증진을 위한 운동으로서 70% VO_2max 이하의 운동이 바람직하기 때문에 15~30분간 이상 계속되는 운동이 좋다. 특히 그림 5.11에서 밝힌 바와 같이, 운동 15~20분 이후에 운동 에너지원이 지방에 의존하게 된다. 따라서 비만과 고지혈증의 예방·개선을 위해서는 가능하다면 시간이 긴 운동을 한다는 생각이 좋다.

거기에 운동의 효과는 운동의 빈도(횟수)가 증가하면 할수록 커진다. 그러나 피로가 축적되면, 역효과를 가져오게 된다. 건강의 유지 증진을 위한 운동은 일주일에 3일이 기본이다. 운동 개시 초기에는 주 1~2일부터 시작해 체력의 향상에 맞춰서 점점 빈도를 늘리는 것이 바람직하다.

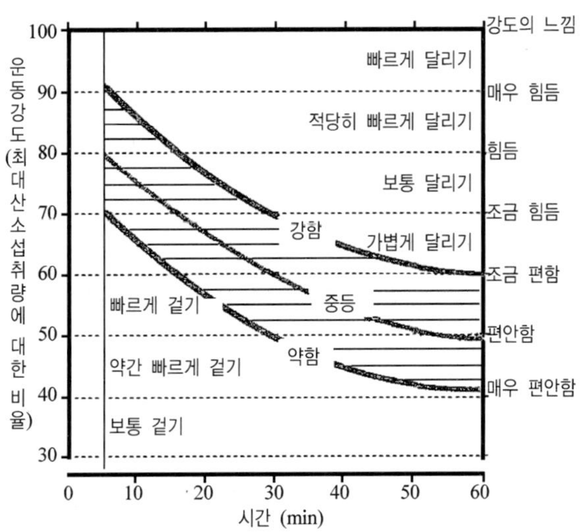

그림 5.12 건강유지 증진을 위한 운도강도와 시간의 조합[16]

V. 맺음말

채집수렵민의 영양 조사를 한 미국과 오스트레일리아의 과학 조사단은, 채집수렵민의 1일의 섭취 에너지(2,130~2,420 kcal)뿐만 아니라 그들의 식생활이 현대 영양학의 기준으로 봐도 완벽하여 깜짝 놀랐다고 한다. 물론, 채집수렵민이 현대영양학의 지식을 가지고 있었을 리 없다. 오히려 긴 진화의 과정에서 인간이 섭취해 온 영양소가, 현대 영양소의 기초가 되어 현대의 우리의 신체를 만들었다고 말한다.

마찬가지로, 인간 역사의 99% 이상이 채집수렵민의 시대이고, 생활행동의 90~95% 이상이 보행이다. 따라서 인간은 걷는 것에 의해 진화되어 왔다. 그리고 보행 속도는 사람에게 해당하는 속도였다. 운동 생리학적 견지로도 빨리 걷기 정도의 운동이 건강의 유지를 위한 운동 강도로서 장려되고 있다. 우리들은, ① 직립 이족보행이 인간의 원점이라는 것 ② 수백만 년간 계속되어 온 전통이라는 것 ③ 안전하다는 것 ④ 생활습관병에 대한 효과가 있다는 것 ⑤ 누구나 언제라도 가능한 실현성이 있는 것, 그리고 ⑥ 걷는 것에 의해, 걷는 스피드로 물건을 본다든지 걸으면서 생각할 수 있다든지, 다른 사람과 이야기도 나눌 수 있다든지, 걷기의 복합성, 등의 면에서 운동 부족의 해결책 또는 생활습관병의 예방, 개선을 위해서는 보행 습관의 부활이 중요하다는 것이다. 물론 인간은, 문화를 가지고 있고 그 하나가 스포츠이다. 그 스포츠를 즐기기 전에, 다시 한번 인간의 원점으로 돌아가서 '걷기'를 다시 생각해 보고 생활습관병의 예방·경감에 문자 그대로 "일보를 내딛자"가 바람직한 것이다.

158

[문헌]

1) 靑木純一郎, 前嶋孝, 吉田敬義編: 日常生活に生かす運動處方, 17 − 21, 23 − 56, 杏林書院(1982)

2) タイムライフブックス編(寺出利大譯), 原始人, 7 − 85, タイムライフブックス社(1980)

3) Lewin, R.(保志宏, 楢崎修一郎譯): 人類の起源と進化, 103 − 127, てらぺいあ社(1993)

4) 江原昭善: 進化のなかの人体, 29 − 73, 講談社現代新書(1982)

5) Sahlins, M.(山內昶譯): 石器時代の経濟學, 8 − 55, 法政大學出版局 (1984)

6) 加古里子: 宇宙 ― そのひろがりをしろう ―, 7 − 10, 福音館書店 (1978)

7) 大柿哲朗: 血壓が歳とともに上がるのは歐米人と日本人だけ, WALK, 9, 36 − 39(1984)

8) 岡田守彦: 4足步行から足步行へ, 休育の科學, 29 (1), 5 − 11(1979)

9) Panter − Brick, C.: Seasonal and sex variation in physical activity levels among agro − pastoralists in Nepal, *Am. J. Phys. Anthropology*, 100, 7 − 21(1996)

10) Mayer, J., Marshall, N. B., Vitale, J. J., Christensen, J. H., Mashayekhi, M. B., Stare F. J.: Exercise, food intake and body weight in normal rats and genetically obese adult mice, *Am. J. Physiol.*, 177, 544 − 548(1954)

11) Mayer, J., Roy, P., Mitra, K. P.: Relation between caloric intake, body weight, and physical work: studies in an industrial male population in west Bengal, *Am. J. Clin. Nutrition*, 4, 169 − 175(1956)

12) 厚生省保健医療局監修: 平成10年版國民榮養の現狀 ― 平成8年國

民榮養調査成績 ─ , p.116, 第一出版(1998)

13) 健康科學木曜硏究會編: 現代人のエクササイズとからだ, 7-23, 51-9, ナカニシヤ出版(1998)

14) Gaesser, G. A., Brooks, G. A.: Metabolic bases of excess post -exercise oxygen consumption: a review, *Med. Sci, Sports Exerc.*, 16 (1), 29-43, (1984)

15) Ogaki, T., Saito, A., Kanaya, S., Fujino, T.: Plasma sulpho-conjugated catecholamine dynamics up to 8h after 60-min exercise at 50% and 70% maximal oxygen uptakes, *Eur. J. Appl. Physiol.*, 72, 6-11(1995)

16) Bahr, R.: Excess postexercise oxygen consumption ─ magnitude, mechanism and practical implications ─, *Acta Physiol. Scand.*, 144 (Suppl. 604), 1-70(1992)

17) 加賀谷熙彥, 加賀谷淳子: 運動處方 ─ その生理學的基礎 ─, 230 -239, 240-257, 杏林書院(1983)

6

운동과 건강(2)

─ 운동을 지탱하는 영양 ─

Ⅰ. 머리말

영양, 운동, 휴양은 건강을 지탱하는 세 개의 기둥이다. 이 경우 운동은 일상 생활 속에 신체활동을 포함한 것이며, 레저 스포츠와 경기 스포츠 등의 신체 활동만을 말하는 것은 아니다. 그러나 문명과 문화에 따라서 운동을 "의식적으로 몸을 움직이는 스포츠 활동"으로 생각하는 쪽이 적당한 경우도 있다고 생각된다. 생활의 기계화가 빨라지고 일상 생활에서 몸을 움직일 기회가 적어진 선진국 등이 그런 경우이다. 현재 일본도 그런 상황에 있다고 생각된다.

운동이 생활습관병의 예방과 개선, 건강의 유지, 증진에 효과가 있는 것은 주지의 사실이다. 또 운동 선수들에게는 트레이닝이 필수적이다. 그러나 이러한 운동의 효과는 영양과 휴양이 적절히 조화되지 않으면 충분히 발휘되지 않을 뿐 아니라 경우에 따라서는 건강을 해치는 경우도 있다. 즉, 운동은 간장과 근육의 글리코겐, 체지방, 체단백질 등의 분해를 자극하기 때문에 몸은 이화(異化)상태로 된다. 따라서 영양은 이러한 이화된 것을 보급하여 회복시켜 주지 않으면 안 된다. 여기에서는 운동 시의 몇 개의 생리 반응을 눈여겨 보고, 거기에 대응한 영양에 대해서 우리들의 의견을 포함시켜 서술한다.

Ⅱ. 스포츠 음료의 과학

1 땀으로 잃은 것의 보충

운동 시 대사 변화의 대표적인 것은 에너지 대사의 항진이고, 이것은 체온의 상승으로 연결된다. 발한은 운동 시 체온이 상승하지 않도록 하기 위한 생체의 준비된 방어 구조이다. 발한에 의해 체내에서 잃었던 수분은 혈액과 세포 내외에 있던 것들이다. 운동 시에는 피부에 혈류가 증가됨으로써 체온을 피부로부터 방출한다. 따라서 혈액량의 감소는 냉각수가 적어졌다는 것을 의미하고 심박출량의 저하→피부 혈류의 감소→방열장해→체온상승→발한의 증가가 일어나고 거기에 혈장량이 감소한다고 하는 악순환에 빠진다. 탈수가 1 L 증가함에 따라 직장온도는 0.3℃, 심박출량은 1 L/분, 심박수는 8박/분 상승한다(그림 6.1).[1] 체온이 과도하게 상승하면 운동 기능의 저하와 '열중증'을 일으키기도 해서 위험하다. 운동 시 체온의 상승 억제효과는 수분 보급량이 많은 쪽이 높다.

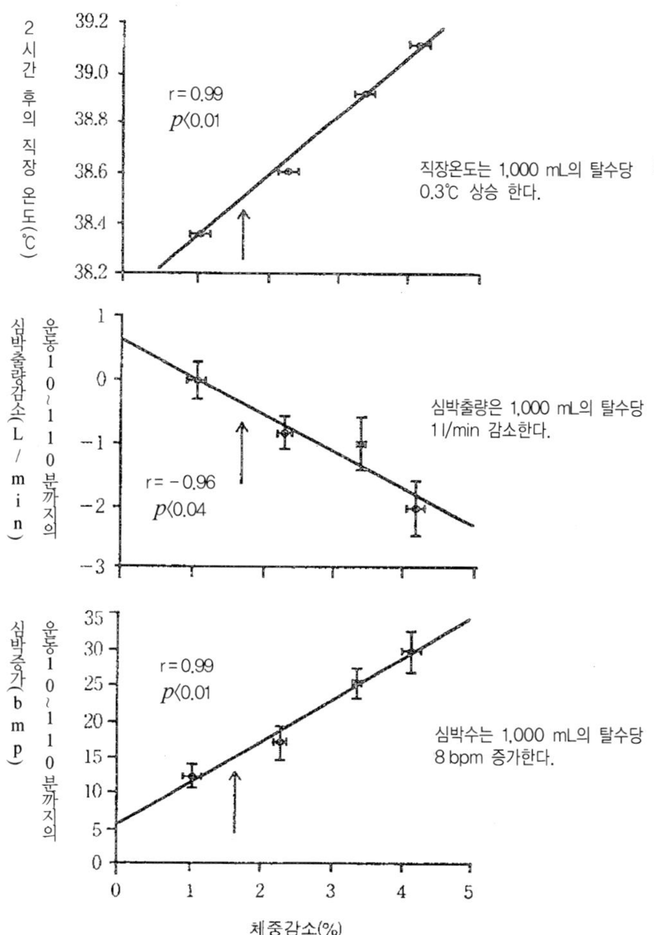

그림 6.1 탈수가 직장온도, 심박출량, 심박수에 미치는 영향

　운동 시의 발한량은 운동 전후의 체중 변화로 알 수 있다. 1 kg
의 체중감소는 거의 1 L의 탈수를 의미한다. 발한량은 환경에 의해
크게 영향을 받으나 한 시간에 2 L에 달하는 경우도 있다. 체중의
3% 이상의 탈수는 혈장량의 감소로 기인하여 생체에 악영향을 끼

친다. 미국 스포츠 의학회는 달리기 선수는 2~3 km마다 100~500 mL의 수분을 섭취하기를 권고하고 있다. 일본 체육협회에 의한 운동 시의 수분보급의 지침이 표 6.12이다. 여기에서는 운동에 의한 탈수에 대비해 운동 전에 수분을 300~500 mL 보급해 줄 것을 권고하고 있다.

▼ 표 6.1 운동 시 수분 보급 표

운동강도			수분 섭취량의 정도	
운동종류	운동강도 (최대 강도의 %)	지속시잔	경기 전	경기 중
트랙경기 농구	75~100%	1시간 이내	250~500 mL	500~1,000 mL
축구 등 마라톤 야구	50~90%	1~3시간	250~500 mL	500~1,000 mL /1시간마다
울트라마라톤 트라이아슬론 등	30~70%	3시간 이상	250~500 mL	500~1,000 mL /1시간마다 반드시 염분을 보급.

② 발한 후 수분보급은 물만으로 좋은가?

"목이 마르다"라고 하는 감각은 몸의 탈수 현상을 가리키는 지표로는 그리 민감하지 않으며 발한에 의한 탈수량에 알맞은 양이 보급되지 않는다는 것이 알려져 있다. 예를 들면, 많은 양의 땀을 흘린 경우에 자유롭게 수분을 섭취해도 탈수량의 40~60%밖에 보급되지 않는다.

수분의 보급률은 수돗물보다도 스포츠 음료나 식염을 포함한 용액을 마신 쪽이 높다. 연습 중에 수돗물 또는 스포츠 음료를 자유롭게 섭취하게 했을 때 섭취량은 스포츠 음료(7.43±1.10 g/kg/hr)가 수돗물 (5.88±2.79 g/kg/hr)보다도 훨씬 많았다고 보고되었다(그림 6.2).[3]

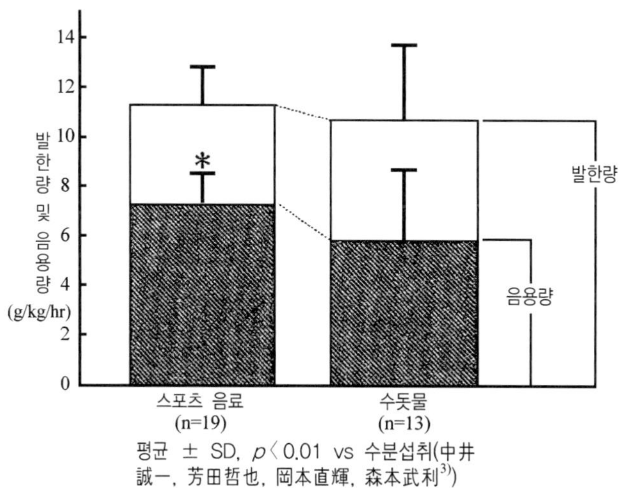

그림 6.2 발한 시 스포츠음료와 수돗물에 의한 수분보급

　발한에 의한 탈수 시에 스포츠 음료의 섭취량이 수돗물보다도 많은 것은 스포츠 음료를 마신 때는 '자발적 탈수'가 억제되었기 때문이다.

　'자발적 탈수'는 발한으로 혈액 중의 수분과 나트륨의 양쪽이 체외로 배출됨에도 불구하고 수분만을 보급함으로서, 혈장 나트륨 농도가 저하되는 것을 방지하기 위해서 자발적으로 수분 섭취를 제한하는 생체의 준비 기구이다(그림 6.3). 따라서 나트륨을 포함한 음료를 마셔 '자발적 탈수'가 억제되고 보다 많은 양의 수분을 섭취할 수 있게 된다.

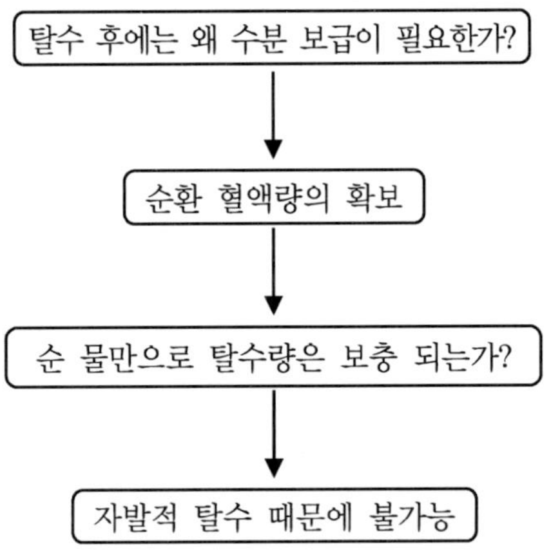

그림 6.3 물만으로 탈수량은 보충되는가?

탈수 시에는 이 '자발적 탈수'에 의해 혈장 나트륨 농도가 너무 저하되지 않게 하기 위해 억제되고 있다. 그럼에도 불구하고 지구력을 필요로 하는 운동 시에 나트륨의 섭취량에 비해서 수분의 섭취량이 너무 많아서 기인하는 "저 나트륨 혈증에 의한 뇌증"이 울트라 마라톤에서 보고되어 있다.[4]

또 트라이아슬론에서도 저 나트륨 혈증이 일어난 것이 보고되어 있다.[5] 이처럼 장시간의 운동에서는 수분 보급과 함께 나트륨 보급에도 유의할 필요가 있다.

고온 환경에서 가벼운 운동을 부하함으로서, 발한에 의한 체중을 4% 감소시킨 후 체중 감소량에 상당하는 양을 전해질·당 음료 또는 탈 이온수를 15분 간격으로 13번으로 나눠서 섭취시킨 조건과 무섭취 조건으로 검토한 연구에서, ① 무섭취에서는 혈장량의 회복은 보이지 않았다. ② 전해질·당 음료나 탈 이온수에 비해 회복이 양호한 것이 인정되었다(그림 6.4).[6]

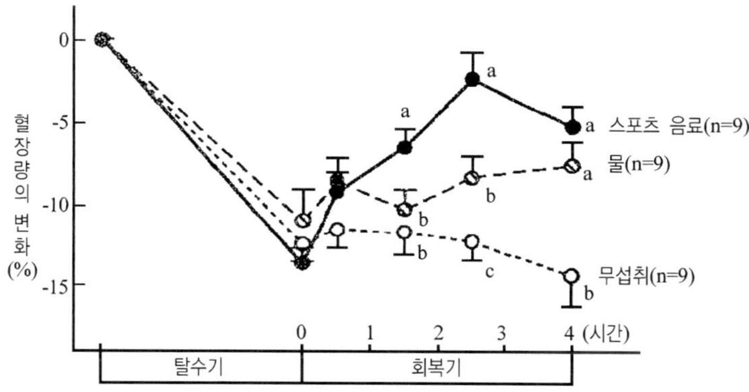

그림 6.4 탈수 시 혈장량의 회복에 대한 스포츠 음료의 효과

평균 ± SE. a, b, c: 각 시점이 다른 것 간에 유의차가 있다.
(岩永光一, 木場孝繁, 富英秀敏[6])

③ 에너지 보급, 탄수화물 보급에 의한 저혈당 및 글리코겐의 고갈 방지

운동 시의 중요한 에너지원은 탄수화물과 지방이다. 저혈당(그림 6.5)[7]과 글리코겐의 고갈(그림 6.6)[7]이 피로의 한 원인이기 때문에, 스포츠 음료의 연구 개발에서는 탄수화물 보급에 대하여 검토해 왔다. 1시간당 30~60 g의 탄수화물을 섭취하면 운동 성과(Performance)의 향상이 기대된다는 보고가 있다.[1] 당 농도가 4~8%의 음료를 1시간당 600~1,000 mL를 마셨다면 당질과 수분, 양쪽의 필요량을 만족시킬 수 있었다(표 6.2).[1]

168

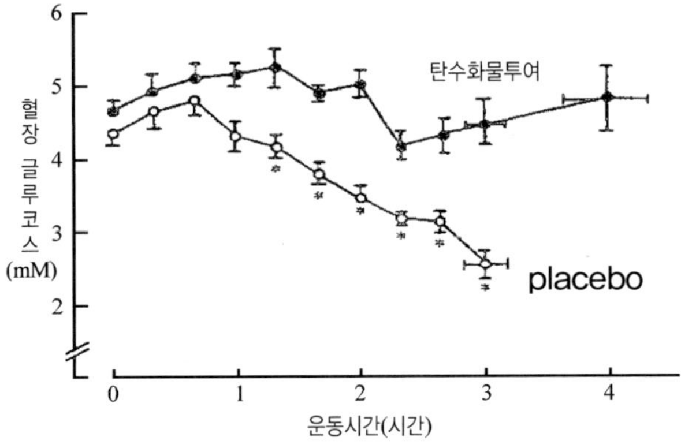

그림 6.5 지구력 운동 시 혈장 글루코오스 농도변화에 의한
탄수화물 투여의 영향

(Coyle, E. F., Coggan, A. R Hemmert, M. K., and Ivy. J. L.[7])

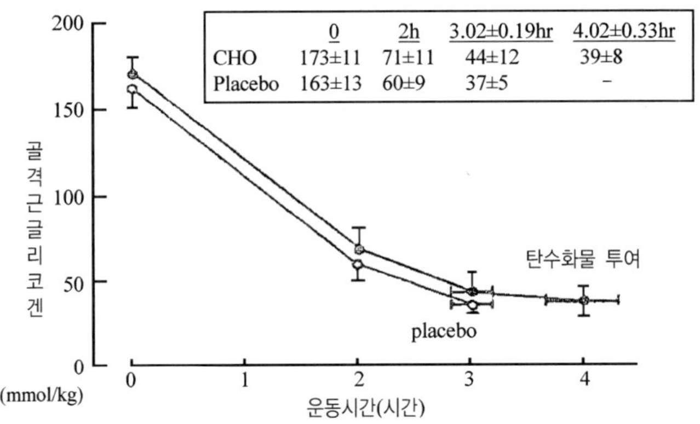

	0	2h	3.02±0.19hr	4.02±0.33hr
CHO	173±11	71±11	44±12	39±8
Placebo	163±13	60±9	37±5	–

그림 6.6 지구력 운동 시 골격근 글리코겐량의 변화에 미치는
탄수화물 투여의 영향

(Coyle, E. F., Coggan, A. R Hemmert. M. K., and Ivy. J. L[7])

▼ 표 6.2 운동시 수분 및 당질의 공급

용액의 농도	표시된 탄수화물을 획득하기 위해 한 시간 마다 섭취되어야 하는 수분의 량				
	30 g/hr	40 g/hr	50 g/hr	60 g/hr	
2%	1,500 mL	2,000 mL	2,500 mL	3,000 mL	1,250 mL/시간 이상의 많은 수분량
4%	750	1,000	1,250	1,500	
6%	500	667	833	100	600~1,250 mL/시간과 적당한 수분 공급량.
8%	375	500	625	750	
10%	300	400	300	600	
15%	200	267	333	400	
20%	150	200	250	300	600 mL/시간 이하의 소량 수분 공급량.
25%	120	160	200	240	
50%	60	80	100	120	

(Coyle. E. F., and Montain. S. A.,.[1] 坂本靜男譯: 임상스포츠 의학. 10, 1068(1993))

4 체내 저장 지방의 유효한 이용

지방이 탄수화물과 함께 운동 시의 주요한 에너지원이라고 하는 것부터 저혈당과 글리코겐의 고갈은 체내에 저장되어 있는 지방을 에너지로 이용함으로서 막을 수 있다.[8,9] 흰쥐를 이용한 실험에서 지방을 에너지원으로 운동을 시키면 간장 및 근육 글리코겐의 감소 와 함께 혈당치의 저하를 방지시키므로 지구력을 필요로 하는 운동 의 시간이 연장됨을 나타내고 있다(그림 6.7).[9]

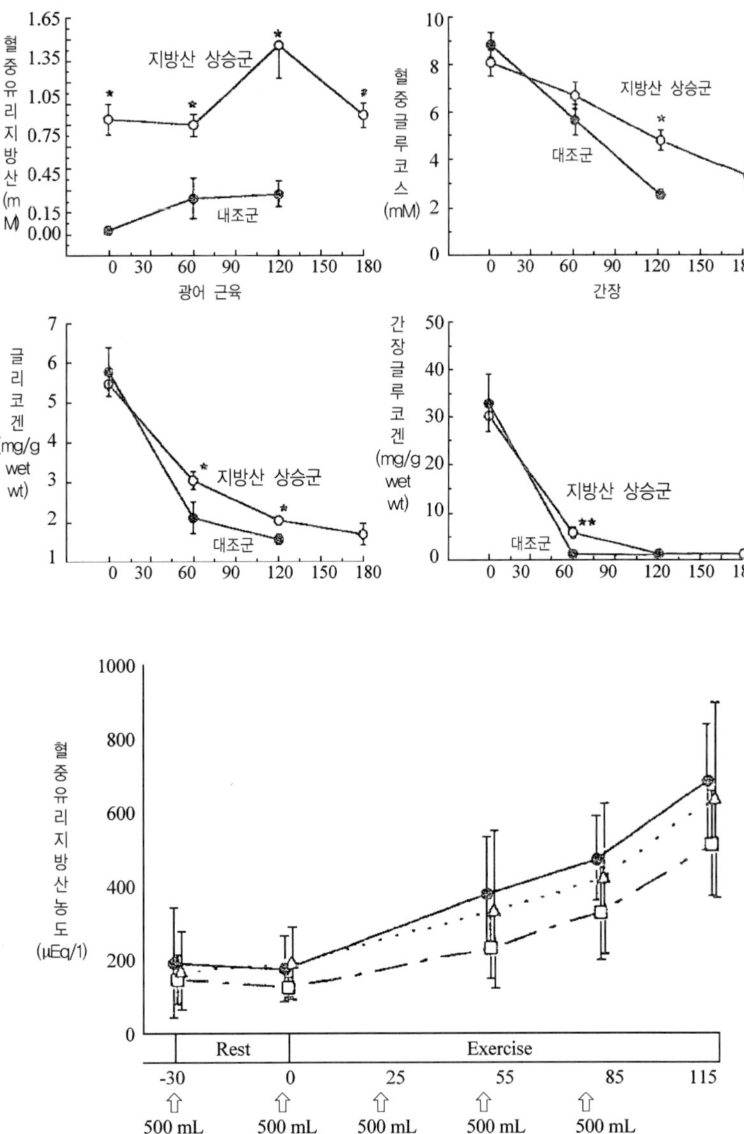

그림 6.8 운동 시 Fructose 섭취가 혈장 지방산 농도에 미치는 영향

● Fractose □ Glucose △ Placebo (Mitsuzono, R., Okamura, K Igaki. K., Iwanaga, K., and Sakurai, M.[11])

그렇지만 에너지를 보급하기 위해서 글루코오스를 포함한 탄수화물을 섭취하면 지방조직의 지방 분해가 억제되어, 에너지원이 되는 지방산의 근육으로의 공급이 감소되고 지방의 이용이 저하된다. 이것은 운동 시에 섭취하는 탄수화물로서 지방의 에너지 대사를 억제하지 않는 것이 바람직하다는 것을 시사하고 있다. 이처럼 탄수화물에는 천천히 소화·흡수시키는 고분자의 다당질과 과당이 있다.[10] 글루코오스를 당질원으로 하는 음료를 섭취한 경우에 비교해서, 과당을 함유한 음료를 운동 중에 섭취하였을 때는 혈중 유리지방산 농도가 높게 유지되어, 운동 중에 지방의 산화가 높다는 것을 시사하고 있다(그림 6.8)[11]. 또 흰쥐에 과당을 먹이로 주면, 간장과 근육의 글리코겐 함량이 증가했다는 보고가 있다(그림 6.9)[12].

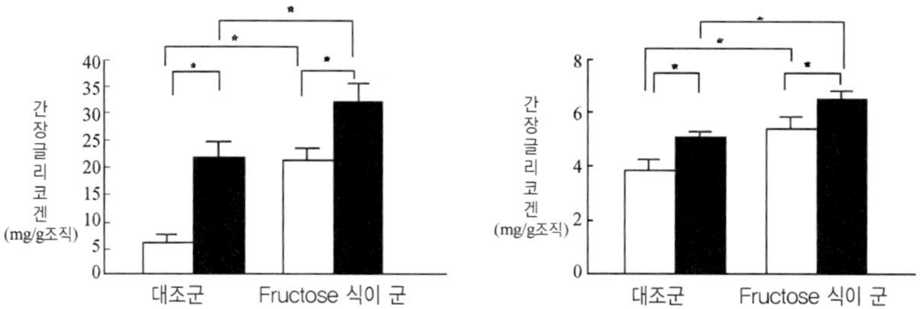

그림 6.9 Fructose 식이 군 및 트레이닝이 글리코겐 함량에 미치는 영향

$*p < 0.05$, 평균 ± SE n = 9
■ 트레이닝군 □ 안정군
(Murakami. T., Shimomura. Y., Fujitsuka. N., Sokabe. M., Okamura. K. and Sakamoto. S[12])

Ⅲ. 운동에 의한 산화적 손상과 항산화 물질

① 운동에 의한 산화적 손상

운동은 체내에서 활성 산소종의 생성을 증가시키는 생리적인 조건의 하나이다. 활성 산소종에 의해 상해를 입는 생체 성분에는 지질, 단백질, DNA 등이 있다(그림 6.10). 생체에는 활성 산소종을 없애는 효소계가 존재한다. 그러나 운동 시에는 이들 효소계의 능력을 상회하는 활성 산소종이 생성된다고 생각되고 항산화 물질의 요구량이 높아져 간다고 볼 수 있다.

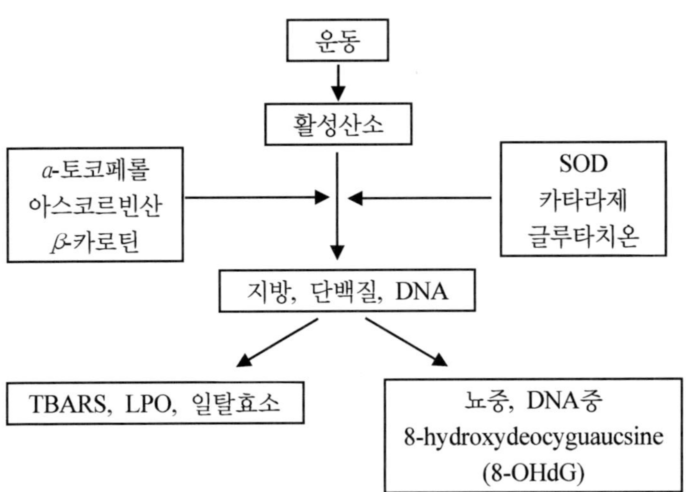

그림 6.10 운동에 의한 활성산소 손상에 대한 항산화 영양소의 역할

② 활성산소에 대한 생체의 방어계

운동에 의한 산화 손상에 대한 항산화 물질의 영향이 연구되었다. a-토코페롤[13)과 아스코르빈산, a-토코페롤 및 β-카로틴의 혼합물[14) 등의 항산화 비타민을 투여함으로 해서, 운동에 의한 지질 과산화와 조직 손상의 증가가 경감된다고 보고되어 있다. 운동 시에는 항산화 비타민의 필요량이 증가하고 있다고 추측되며, 미국 올림픽 스포츠의학 위원회에 의해 스포츠 선수의 가이드라인은 1일당 섭취량을, 아스코르빈산 250~1,000 ㎎, a-토코페롤 100~400 IU, β-카로틴 3~20 ㎎이었다.

③ 운동에 의한 DNA의 산화적 손상

DNA의 산화적 손상은 최근 8-hydroxydeoxyguanosine (8-OHdG)의 뇨중 배설량과 DNA 중의 함량을 지표로 측정하도록 하였다.

뇨중 8-OHdG 배설량은 인간을 대상으로 한 연구에서 30분 정도로 피곤에 도달하는 운동과 20 ㎞ 러닝에서 영향을 받지 않았다.[15) 그러나 연일 평균 30 ㎞를 달리는 육상 장거리 선수들의 합숙에서 숙박전 266±76 ㎩mol/㎏/day에서 합숙 중의 336±107 pmol/㎏/day로 유의하게 증가했다는 것을 인정할 수 있고(그림 6.11),[16) DNA는 운동 강도에 의존해서 산화적 손상을 받는다는 것을 시사하고 있다.

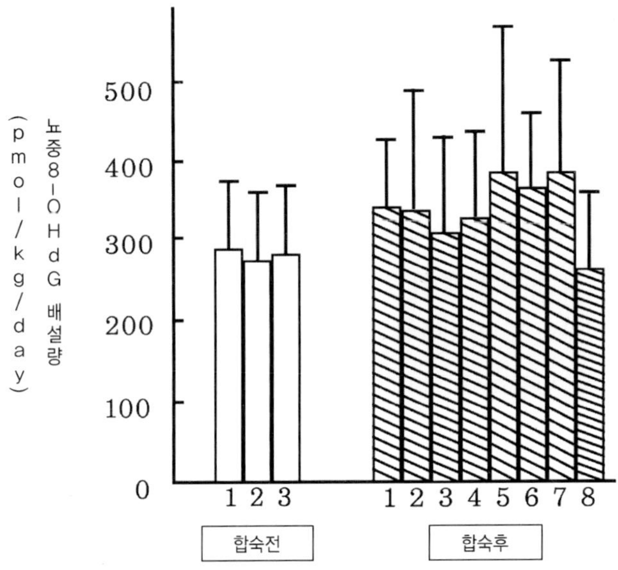

그림 6.11 뇨중 8-OHdG 배출량에 미치는 운동의 영향

평균 ± SD. n=10
Okamura. K., Doi. T., Hanada, K., Sakurai, M.,
Yoshio ka, Y., Mitsuzono, R., Migita. T., Sumida,
S., and Sug. awa-Katayama, Y.[16)]

조직 DNA의 산화적 손상에 대한 운동의 영향에 대해서는 개를 대상으로 한 연구에서, 림프구 및 대장의 DNA 중의 8-OHdG 함량이 운동 직후에 유의하게 감소하지만 뇌, 폐, 심장, 간장, 위, 신장, 비장, 소장, 골격근에서는 운동 전후에 변화하지 않는다는 것이 인정되었다.[17)] 운동 직후에 림프구 중 DNA의 8-OHdG 함량이 감소하는 것은 사람을 대상으로 한 연구에서도 보고되었다.[18)] 이것은 일과성의 운동은 8-OHdG의 DNA로부터 제거를 촉진시켜서 DNA로의 축적을 방지하는 가능성을 시사하고 있다. 따라서 운동이 8-OHdG의 제거를 촉진하는 것은 합리적인 방어 기구라고 생각된다.

④ DNA의 산화적 손상에 대한 항산화 영양소의 역할

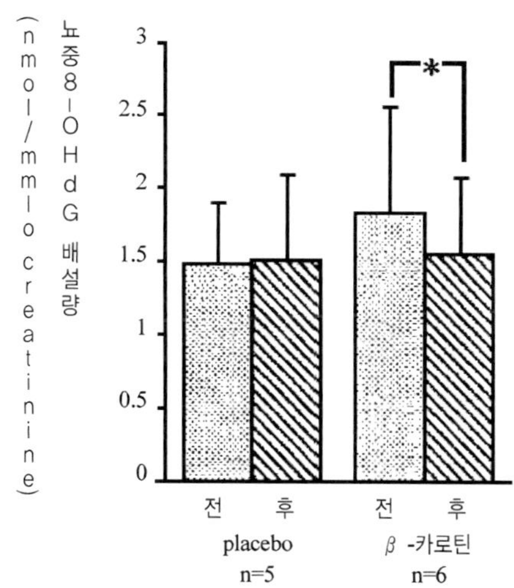

그림 6.12 β카로틴 섭취가 뇨중 8-OHdG
배출에 미치는 영향

평균 ± SD *$p < 0.05$
(Sumida, S., Okamura, K., Doi, T., Sakurai,
M., and Yoshioka, Y.[19])

우리는 DNA의 산화적 손상에 대한 항산화 비타민의 영향을 운동선수의 β-카로틴과 비타민 C를 함유한 음료를 4주간 마시게 해서 검토했다. 그 결과, 마시기 전과 비교해서 4주 후에는 혈장 β-카로틴 농도가 상승했고, 뇨중 8-OHdG 배설량이 감소하는 경향이 확인되었다. 거기에서 1일당 30 ㎎의 β-카로틴을 4주간 섭취시킨 때의 영향을 플라시보와 비교했다. 그 결과 4주 후를 섭취 전에 비교해서 혈장 β-카로틴 농도가 유의하게 상승하고 뇨중 8-OHdG 배설량이 유의하게 감소한 것을 확인했다(그림 6.12)[19]. 이 결과는 항산화 비타민을 섭취함으로서 DNA의 산화적 손상을 낮게 감소시킬 수 있는 가능성을 시사하고 있다.

운동하는 경우 항산화 영양소의 필요량은 운동의 강도와 시간, 거기에 연령과 단련도 등의 요인에 의해서 달라진다고 생각된다. 늘 평소부터 섭취해 온 것으로 예비기능을 높이는 것이 의미 있다고 생각된다.

Ⅳ. 운동과 골밀도

1 소요량을 채우지 않는 칼슘

미국에서의 칼슘의 1일 권장 소요량(recommended daily allo-wance: RDA)은 연령에 따라 다르고, 성인 800 ㎎에 대해 성장기에 1,000~1,200 ㎎, 임신·수유기에는 1,200 ㎎으로 되어 있다.

한편 일본의 영양조사에서는 칼슘만이 소요량(성인 600 ㎎)을 만족시키지 않는 것이 매년 지적된다. 우리가 전국 체전 상위권의 고교 선수를 대상으로 한 조사에서도 칼슘 이외의 영양소는 충분했지만, 거기에 반해 칼슘의 충족률은 낮고, 여자의 섭취량은 평균 85%였다. 내용을 보면 충족률이 33%라는 극단적으로 낮은 선수도 보였다. 남자의 평균 충족률은 100%였지만 약 반수의 선수가 소요량을 밑 돌았다.

② 운동 경험과 골밀도

골밀도에는 칼슘 섭취 현황 등의 영양 외에 운동이 영향을 끼친다. 20~40세의 남성에게 초음파법에 의한 골밀도 측정 조사에서는 청소년기의 운동 클럽 재적 연수가 가장 정 상관관계였다(그림 6.13). 나이가 들어감에 따라 골밀도의 감소에 의한 각종 장해를 방지하기 위해서는 성장기에 확실하게 뼈를 형성시켜 두는 것이 중요하다. 골 형성에는 성장기의 운동이 중요한 것을 분명하게 알 수 있다.

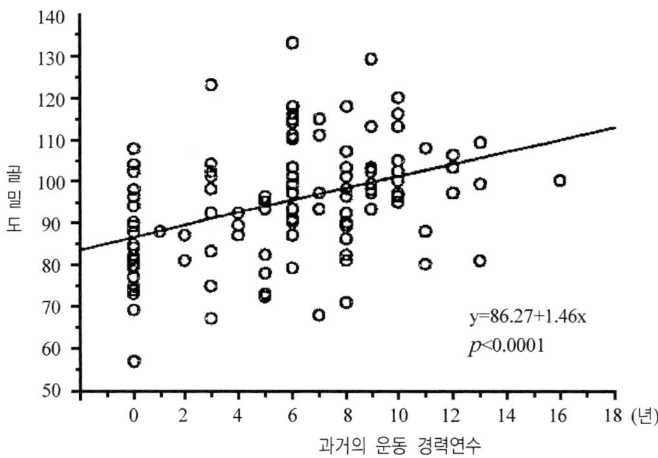

그림 6.13 골밀도와 과거운동 경력연수와의 관계

V. 몸을 만들기 위한 영양

① 운동과 단백질 소요량

나이가 들어감에 따라 근육량이 감소하는 것이 내당능(耐糖能)과 기초 대사의 저하, 활동량의 감소에 연결되어 건강상의 각종 문제의 요인이 된다고 생각할 수 있다. 또 근육량의 증가는 경기 능력의 향상에도 중요하다.

근육의 중요한 구성 성분은 단백질이고, 트레이닝 시에는 단백질의 필요량이 증가한다. 섭취 열량이 충족되어 있는 경우 단백질의 필요량은 지구력 계통의 운동을 하는 사람에서는 1.2∼1.4 g/kg/day, 근력계통의 운동을 하는 사람에서는 1.4∼1.8 g/kg/day이라는 보고가 있다.[20] 후생성에 의한 일본 성인의 단백질 소요량은 1.08 g/kg/day이다.

그러나 근육 단백질의 합성을 높이기 위해서는 단백질 섭취량을 증가시키는 것뿐만 아니라, 트레이닝을 행할 필요가 있다. 단백질 섭취량과 트레이닝이 단백질 대사에 미치는 영향을 조사한 연구에서, 단백질의 섭취량을 0.86 g/kg/day에서 1.4 g/kg/day로 증가시켜 트레이닝을 행하여도 체단백질 합성 속도의 상승은 보이지 않고 에너지 생산에 이용되는 양이 증가하였다.[21] 한편, 트레이닝을 하지 않고 단백질 섭취량을 증가시키면 체단백질 합성은 상승하지 않고 에너지원으로서 이용이 증가했다.[21] 이 결과는 근육량의 증가에는 단백질 보급과 함께 운동이 필수라는 것을 시사한다.

② 운동과 영양의 섭취 타이밍

운동은 근육 단백질의 분해를 항진시키고 운동 후 근육은 주요한 부분이 분해 상태에 있다. 우리는 뒷다리의 동맥과 정맥에 katheter 를 삽입한 개를 이용한 연구로 운동 후에 아미노산과 글루코오스를 투여하면, 근육 단백질의 합성이 상승하고 분해가 저하됨으로써 근육은 주요한 부분이 합성 상태가 되는 것에 비하여 운동 후에 영양 보급을 하지 않는 경우에는 분해 상태가 지속되는 것을 확인하였다 (그림 6.14).[22]

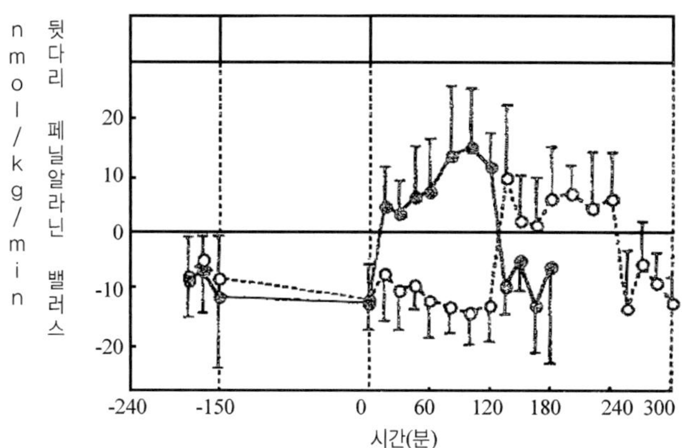

그림 6.14 뒷다리 골격근 페닐알라닌 밸런스에 미치는 운동 후의
투여 시간의 영향

평균 ± SD.
E, ● 운동직후 투여군:
L, ○ 운동 2시간 후 투여군
(M., Matsumote. K., Imaizumi. K., Yoshioka. Y., Shimizu.
S., and Suzuki. M[22])

그리하여, 스포츠 영양학에서는 "무엇을 어느 정도 먹을 것인가"
와 함께 "언제, 어떻게 먹을 것인가"가 중요하다는 생각이다. 영양
효과는 운동과 영양 섭취의 타이밍에 의해 다르다는 것이 보고되어
있다.[23] 예를 들면, 운동 후 근육 글리코겐의 회복은 운동직후에 탄
수화물을 보급시킨 편이 2시간 후에 보급한 때보다 효과가 크다는
것을 확인했다.[24]

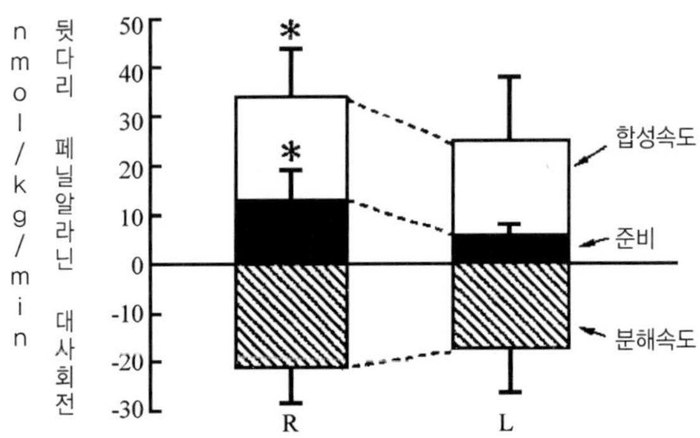

그림 6.15 골격근 단백질의 합성·분해속도에 미치는
운동 후 투여 시간의 영향

R: 운동직후 투여군
L: 운동 2시간 후 투여군
평균 ± SD. n = 10, $p < 0.05$
(Natsumoto. K., Imaizumi, K., Yoshioka. Y., Shimizu. S.,
and Suzuki. M.[22])

여기서, 운동 후 근육 내 단백질 합성에 대한 아미노산과 글루코
오스의 투여 타이밍의 영향을 검토해 보면 운동 직후 바로 투여한
쪽이 두 시간 후에 투여할 때보다도, 근육 내 단백질의 합성 속도
가 보다 상승한 것을 확인했다(그림 6.15).[22] 이처럼 운동에 의한
근육 증가에는 운동 후 곧바로 영양을 보급하는 것이 유효함을 시

사하고 있다.

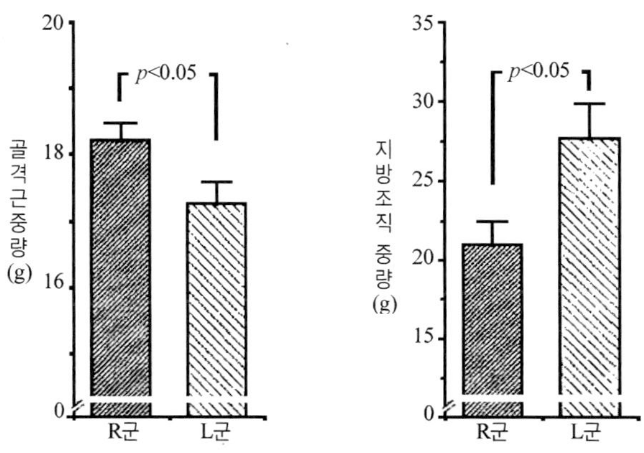

그림 6.16 운동 후 식사 시간이 체조성에 미치는 영향

　　장기간에 걸쳐서 운동 후 바로 영양 보급을 하는 것이 근육량의
증가에 연관되어 있는가를 실험용 쥐를 이용해서 검토하였다. 실험
용 쥐는 운동 트레이닝 후 곧바로 먹이를 준 그룹과 4시간이 지나
고 나서 먹이를 준 그룹으로 나누어 이 조건으로 10주간 계속했다.
10주간 후 운동 4시간 후부터 먹인 그룹보다도 운동 직후 바로 먹
인 그룹에서 근육량이 유의하게 증가하고 체지방량이 유의하게 적
었다는 것을 확인할 수 있다(그림 6.16).[25] 이때 심근과 골격근의
리포단백 리파제 활성이 운동 직후에 먹이를 준 그룹에서 높아 근
육에 있는 중성지방의 이용이 많았던 것이 지방의 축적이 적었다는
것과 관계있었다고 추측할 수 있다(표 6.3).

▼ 표 6.3 심근, 광어근, 지방조직의 리포 단백질 리파제 활성(U/조직 1 g)

	R군	L군	
심근	28.3±4.7	22.5±3.2	$p < 0.001$
광어근	11.7±2.2	6.6±2.5	$p < 0.01$
지방조직	3.6±1.6	3.6±1.6	N. S.

* R군: 운동직후 섭취군
 L군: 운동 4시간 후 섭취군
 평균치 ± SD. n=10, N·S: 차이 없음

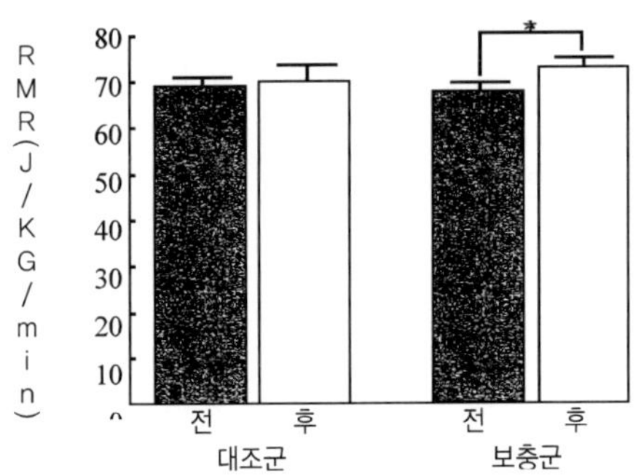

그림 6.17 운동 후 보충제 섭취가 안정시 대사
(RMR)에 미치는 영향.

평균 ± SE *$p < 0.05$
K., Matsumoto. K., Minehira. K., Okamura.
K., Shimizu, S., and Suzuki. M.[26]

한편 골격근은 안정 시 대사의 커다란 부분을 차지하고 있다. 따라서 운동 후 곧바로 먹이를 먹은 그룹에서 체지방량이 적었다는 하나의 원인으로써, 운동 4시간 후에 먹이를 준 그룹에 비교해 운동 후 곧바로 먹이를 먹인 그룹에서 근육량이 많기 때문에 안정 시의 대사량이 증가하고, 체지방의 축적을 억제하였다고 추측된다. 여기서 우리는 사람을 대상으로 검토했다. 그 결과, 12주간에 걸친 트레이닝 후에 보충제를 섭취하게 함으로서 안정 시 대사가 항진하고(그림

6.17),[26] 체조성도 개선될 가능성이 인정되었다(그림 6.18).[27]

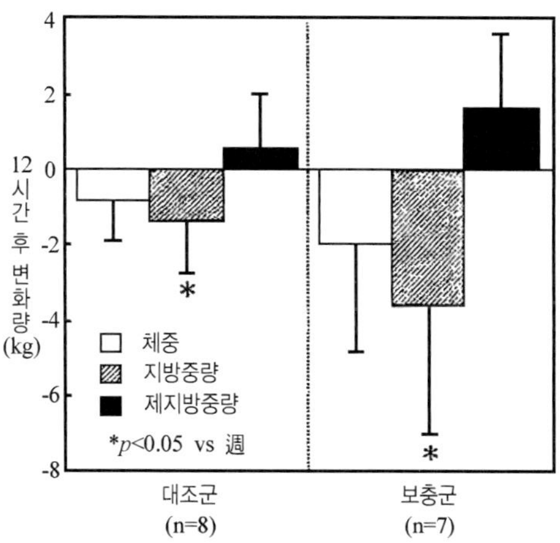

그림 6.18 운동 후 보충 섭취가 체조성에 미치는 영향

Shimizu and Okamura. K.[27]

이처럼, 운동 후에 바로 식사를 하는 생활 패턴을 계속하면 근육량의 증가뿐만이 아니고 체지방의 감소라고 하는 체조성 개선에 유효하다는 것을 시사하고 있다.

③ 탄수화물과 체단백질 합성

탄수화물에는 단백질 절약 작용이 있다고 알려져 있다. 우리들은 운동 전, 운동 중[28] 또는 운동 후[29]에 아미노산과 글루코오스의 혼합 용액 또는 아미노산 단독의 용액을 문맥 내에 지속적으로 주입시킨 개를 이용한 실험에서 아미노산과 글루코오스의 혼합 용액을 투여한 쪽이 아미노산만을 투여한 때보다도 뇨중 질소 배설이 유의

184

하게 적다는 것을 확인했다(그림 6.19).

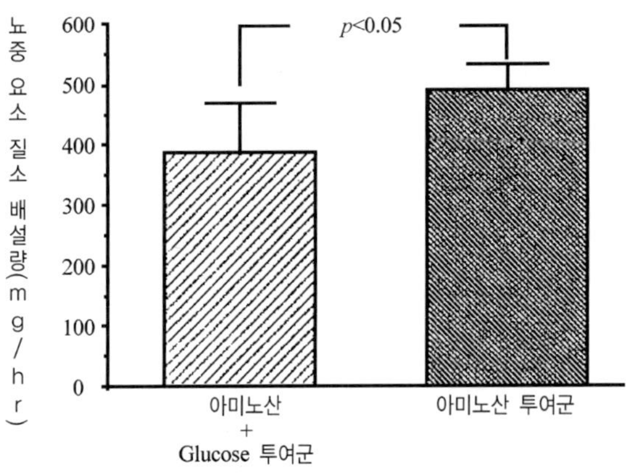

그림 6.19 글루코오스 동시 투여가 뇨중 요소 및 질소
배설에 미치는 영향

평균 ± SE n＝10
K., Doi. T., Okamura, K., and Shimizu. S.[29]

이 결과는 섭취한 단백질을 효율적으로 체단백질 합성에 이용하
기 위해서는 탄수화물을 동시에 섭취하는 조건이 좋다는 것을 시사
한다.

④ 근육 이외의 체단백질에 대한 운동의 영향

운동은 장관(腸管)의 단백질 분해도 항진시킨다(그림 6.20). 운동 중에 장관의 단백질 분해는 단백질을 보급시키는 것에 의해 억제되는 것을 관찰할 수 있다(그림 6.20).[30] 여기에 대해서 운동 중의 근육 단백질의 분해는 단백질을 보급시키는 것만으로는 억제되지 않고 탄수화물을 동시에 보급시키는 것이 필요하다는 것을 시사하고 있다(그림 6.21)[30]. 운동 시에 보급시키는 것이 오로지 탄수화물 주체라는 것을 고려하면, 이 의견은 흥미 있는 것이라고 생각된다.

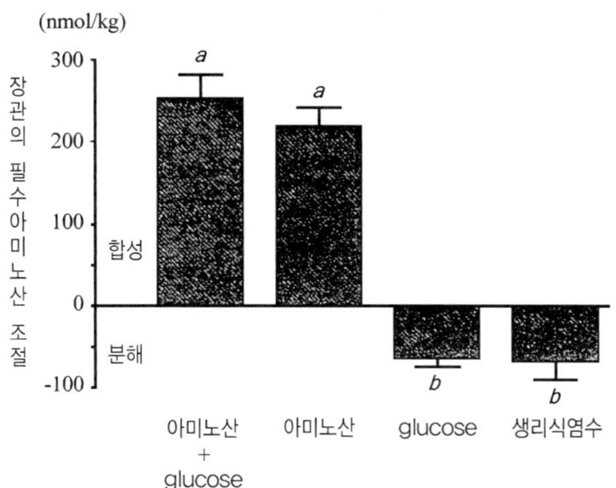

그림 6.20 장관 단백질의 합성, 분해 조절

평균 ± SE ($p < 0.05$), a : b군간의 유의성 나타냄
(T., Okamura. K., and Shimizu. S.[30])

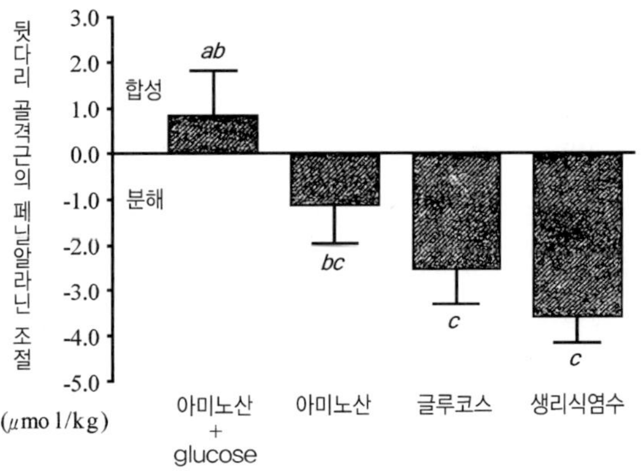

그림 6.21 뒷다리 골격근의 합성 분해 조절

평균 ± SE ($p < 0.05$), 알파벳이 서로 다른 군간의 유
의성 나타냄. (T., Okamura. k., and Shimizu. S.[30])

Ⅵ. 맺음말

운동과 영양은 건강의 유지 증진을 위해 가장 중요하지만 어느 한쪽이 결여되면 해가 될 수도 있다. "운동에 의한 산화 손상"은 항산화 영양소 등이 부족한 경우에 운동이 해가 되는 하나의 예이다.

건강에 대한 운동의 기여 중 최대의 것은 근육량과 골 강도를 유지하고 체지방을 증가시키지 않는 것이라 생각된다. 그러나 나이가 들수록 근육량은 감소하고 골 강도는 저하한다. 이들은 그 나름대로 sarcopenia, osteopenia로서 고령화 사회에 있는 건강문제이다. 그리고 이들의 예방과 개선에는 적절한 운동과 영양이 대단히 중요하다.

한편, 경기 스포츠를 위한 영양은 그것을 섭취하는 것이 직접 경기 능력을 높이는 데 연결되기를 기대하는 경우가 있다. 그러나 일상의 트레이닝 효과를 높이기 위해서 이용되는 것이 기본이다. 즉, 영양 보급은 트레이닝의 일부이고 개개인에 적합한 영양 섭취 방법을 찾는 것도 트레이닝의 중요한 일부라고 생각된다.

[문헌]

1) Coyle, E. F., and Montain, S. A.: *Med. Sci. Sports Exerc.*, 24(suppl 9), S324(1992)

2) 川原貴, 森本武利: スポーツ活動中の熱中症予防ガイドブック, 17(1995), 財団法人日本体育協會

3) 中井誠一, 芳田哲也, 寄本明, 岡本直輝, 森本武利: 体力科學, 43, 283(1994)

4) Frizzell, R. T., Lang, G. H., Lowance, D. C., and Lathan, S. R.: *JAMA*, 255, 772(1986)

5) Hiller, W. D. B.: *Med. Sci, Sports Exerc.*, 21, S219(1989)

6) 岩永光一, 木場孝繁, 富永秀敏: 久留米医學會雜誌, 49, 333(1986)

7) Coyle, E. F., Coggan, A. R., Hemmert, M. K., and Ivy, J. L.: *J., Appl. Physiol.*, 61, 165(1986)

8) Rennie, M. J., Winder, W. W., and Holloszy, J. O.: *Biochem. J.*, 156, 647(1976)

9) Hickson, R. C., Rennie, M. J., Conlee, R. K., Winder, W. W., and Holloszy, J. O.: *J. Appl. Physiol.*, 43, 829(1977)

10) Saitoh, S., and Suzuki, M.: *J. Nutr. Sci. Vitaminol.*, 32, 343(1986)

11) Mitsuzono, R., Okamura, K., Igaki, K., Iwanaga, K., and Sakurai, M.: *Appl. Human Sci.*, 14, 125(1995)

12) Murakami, T., Shimomura, Y., Fujitsuka, N., Sokabe, M., Okamura, and K., Sakamoto, S.: *J. Appl. Physiol.*, 82, 772(1997)

13) Sumida, S., Tanaka, K., Kitao, H., and Nakadomo, F.: *Int. J, Biochem.*, 21, 835(1989)

14) Kanter, M. M., Notle, L. A., and Holloszy, J. P.: *J. Appl. Physiol.*, 74, 965(1993)

15) Sumida, S., Okamura, K., Doi, T., Sakurai, M., Yoshioka, Y.,

and Sugawa‐Katayama, Y.: *Biochem. Mol. Biol. Intern.*, 42, 601(1997)

16) Okamura, K., Doi, T., Hamada, K., Sakurai, M., Yoshioka, Y., Mitsuzono, R., Migita, T., Sumida, S., and Sugawa‐Katayama, Y.: *Free Rad. Res.*, 26, 507(1997)

17) Okamura, K., Doi, T., Sakurai, M., Hamada, K., Yoshioka, Y., Sumida, S., and Sugawa‐Katayama, Y.: *Free Rad. Res.*, 26, 523(1997)

18) Inoue, T., Mu, Z., Sumikawa, K., Adachi, K., and Okochi, T.: *Jap. J. Cancer Res.*, 84, 720(1993)

19) Sumida, S., Okamura, K., Doi, T., Sakurai, M., and Yoshioka, Y.: *Free Rad. Res.*, 27, 507(1997)

20) Lemon, P. W. R.: *Nutr. Rev.*, 54, S 169(1996)

21) Tarnopolsky, M. A., Atkinson, S. A., MacDougall, J. D., Chesley, A., Phillips, S., and Schwarcz, H. P.: *J. Appl. Physiol.*, 73, 1986(1992)

22) Okamura, K., Doi, T., Hamada, K., Sakurai, M., Matsumoto, K., Imaizumi, K., Yoshioka, Y., Shimizu, S., and Suzuki, M.: *Am. J. Physiol.*, 272, E 1023(1997)

23) Suzuki, M., Hashiba, N., and Kajuu, T.: *J. Nutr. Sci. Vitaminol.*, 28, 295(1982)

24) Ivy, J. L., Katz, A. L., Cutler, C. L., Sherman, W. M., and Coyle, E. F.: *J. Appl. Physiol.*, 64, 1480(1988)

25) Suzuki, M., Li, S., Doi, T., Okamura, K., and Shimizu, S.: *FASEB J.*, 11, A 375(1997)

26) Doi, T., Matsuo, T., Sugawara, K., Matsumoto, K., Minehira, K., Okamura, K., Shimizu, S., and Suzuki, M.: *FASEB J.*, 12, A 856(1998)

27) Shimizu, S., Doi, T., Hamada, K., Okamura, K.: *The 1997*

Nagano Symposium on Sports Sciences, (Nose, H. ed.), Chapter 6, Japan Publications Trading(Tokyo)

28) Doi, T., Hamada, K., Sakurai, M., Ueno, T., Imaizumi, K., Yoshioka, Y., Okamura, K., and Shimizu, S.: *Med. Sci. Sports Exerc.*, 29, S 126(1997)

29) Hamada, K., Matsumoto, K., Minehira, K., Doi, T., Okamura, K., and Shimizu, S.: *Metabolism*, 47, 1303(1998)

30) Hamada, K., Matsumoto, K., Minehira, K., Doi, T., Okamura, K., and Shimizu, S.: *Metabolism*, 48, 161(1999)

7

휴양과 건강

— 스트레스의 과학 —

I. 머리말

스트레스라고 하는 말은, 원래 공학 영역에서 사용된 물체의 삐뚤어짐을 의미하는 말로, 1920년대에 미국의 생리학자인 W. P. Cannon이 의학의 영역에 응용했다. 그 후 스트레스 학자로서 고명한 H. Selye는, 그것을 의학의 역으로 정착시켰을 뿐만 아니라, 넓게 일반에게도 알 수 있게 확대시켰다.

현재 스트레스는 의학 영역의 문제뿐만 아니고, 생리학, 사회학, 산업 등을 포함하는 학제적인 분야로서 발전해 왔다.

우리들은 실험용 쥐를 대상으로 각종 스트레스 상황 하에서 뇌 변화의 특성을 보고함과 동시에[1-10] 이러한 반응에 미치는 항불안 약의 작용 등에서 심리적 움직임[情動]의 하나인 불안 발현의 신경 화학적 메커니즘 등에 대한 가설의 제창과 항불안 약의 신경 화학적 작용 등에 대해 보고하였다.[11-16]

여기서는 뇌의 스트레스 반응을 하나의 지표로 동물 실험의 결과

를 근거로 삼아 스트레스와 휴양이라고 하는 문제에 대해서 서술해
보자.

Ⅱ. 스트레스 반응

스트레스 상황으로는 어떤 생체 반응이 출현할까? 스트레스 상
태일 때는 스트레스의 종류에 관계없이 비특이적으로 생기는
생체 반응으로서 Selye에 의해 보고된 것은 위 십이지장 궤양, 흉선
림프근의 위축, 부신피질 확대의 세가지 징조였다(그림 7.1).

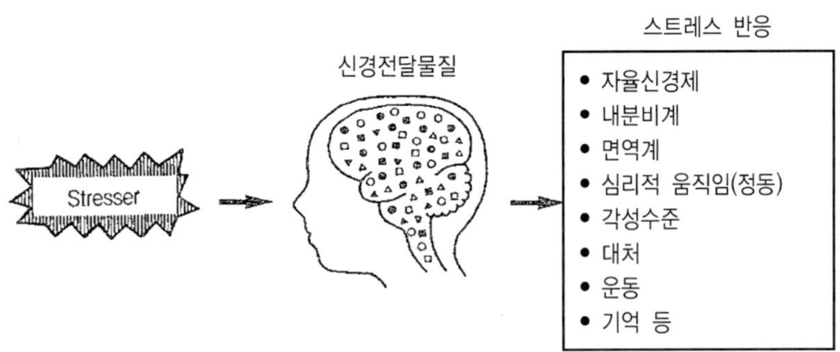

그림 7.1 Stresser와 Stress 반응과 신경전달물질

그러나 그 이외에도 스트레스 상태에서는 여러 가지 신체의 변화
가 생긴다. 결국, 그림 7.1에 표시한 것처럼 스트레스 상태에서는
자율신경계, 내분비계, 면역계라고 하는 생체 조절계가 커다랗게 변
화할 뿐만 아니라, 불안과 공포, 화냄 등의 정동(情動)반응이 생기
고 각성 수준은 상승하고, 기억과 학습에도 크게 관계한다. 이들의
반응은 스트레스 반응으로서 하나로 모아지지만, 그때 이들의 반응

을 중추성으로 조절하고 있는 것은 뇌이다. 거기서, 스트레스 반응 때 뇌가 어떤 반응을 보이는가를 검토하는 것은 지극히 중요한 일이다. 스트레스 때 뇌가 어떻게 반응할까를 보기 전에 뇌의 움직임에 대해서 간단히 기술한다.

Ⅲ. 뇌의 움직임 – 신호를 전한다.

뇌에는 신경 세포가, 140억 개 또는 1,000억 개 존재한다고 말하고 있지만 더 기본적인 뇌의 구성은 그림 7.2에 표시한 것처럼 2개의 신경세포로부터 시작된다고 봐도 좋다. 그리고 뇌의 기능을 더 단순화시켜 말하면 나름대로의 신경세포 중에 신호를 전달하고 거기에 그것을 다음 신경세포에 전달하는 것이다. 그때 신경세포 중에서 신호를 전달하는 것은 신경 막을 통해서 이온이 출입하는 것에 의해 생긴 전기적 변화에 의한 것인데, 이를 전도라고 한다. 그리고 신경세포와 신경세포는 시냅스라고 하는 아주 좁은 간격으로 연결되어 있고 시냅스로 신호가 전달되는 것은 한 편의 신경의 끝부분으로부터 화학물질이 시냅스의 간격에 방출돼 그 다음의 신경세포의 막 위에 있는 수용체라고 하는 특수한 단백질에 결합하는 것으로 추정된다. 이 메커니즘을 전달이라고 하고, 그때 방출되는 화학 물질을 신경전달 물질이라고 한다. 뇌 속에서는 여러 가지 물질이 신경전달 물질로서 작용되고 있다고 생각된다. 중요한 물질을 말하면 노르아드레날린, 도파민, 세로토닌, 히스타민 등의 모노아민, 글루탐산, 아스파라긴산 등의 아미노산 아세칠콜린, 많은 펩티드 등이 있다. 이처럼 간단하게 말하면 뇌의 움직임은 신경세포와 신경세포의 사이에서 신호를 전달하는 것이라고 말할 수 있다.

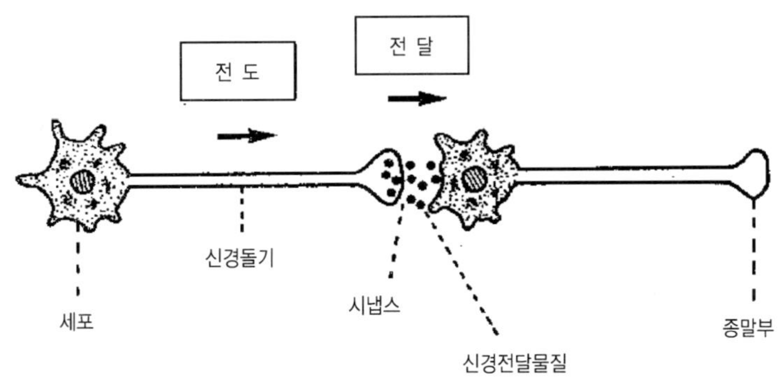

그림 7.2 신호의 전달– 전도와 전달 –

그러나 실제적으로는 뇌에는 140억 개 또는 1,000억 개라고 하는 신경세포가 있고, 거기에 1개의 신경세포에는 7,000개~10,000개의 시냅스가 형성돼 있기 때문에 처리할 수 있는 정보량은 엄청나다고 말할 수 있다. 거기에 뇌는 여러 가지 부분으로 나뉘어 있고, 그들 각자 분업 체제로 움직임과 동시에 다른 여러 가지 부위와 정보를 교환해서 움직이기 때문에 고도한 기능을 유지할 수 있게 된다.

이처럼 뇌의 움직임에 대해서 검토하는 방법에 대해서는 해부학적, 생리학적, 생화학적, 면역학적, 행동학적, 심리학적 등의 여러 가지가 있지만 최근에는 분자학적 방법과 유전자 공학의 방법 등도 응용되게 되었다. 우리들이 진행해 왔던 것은 그중에서도 주로 생화학적 기술을 이용하는 신경 화학적 방법과 행동에 주목하는 행동학적 방법 등이다.

Ⅳ. 뇌의 노르아드레날린 신경계

우리들이 예전부터 주목해 온 신경 전달물질은 세로토닌과 노르아드레날린이었지만 특히 노르아드레날린 신경계의 변화에 대해서 검사해 왔다.

그림 7.3은 실험용 쥐의 노르아드레날린 신경계를 표시한 것이다. 노르아드레날린 신경세포의 세포체는 주로 중뇌에서 하부에 존재하고 있지만 여기저기에 존재하고 있지 않고 클러스터(cluster)라고 불리는 덩어리를 형성하여 존재하고 있다. 노르아드레날린 신경세포체가 존재하는 주된 부위는 청반핵과 외측피개야(外側被蓋野)이고 그 외에도 연수 등에 존재한다.

그림 7.3에 보는 바와 같이 이러한 세포체가 존재하는 부위에서는 노르아드레날린 신경의 섬유가 광범위한 뇌 부위에 투사되어 있다. 이처럼 해부학적 구성은 정보를 빠르고 넓은 범위로 전달하기에 편리하다.

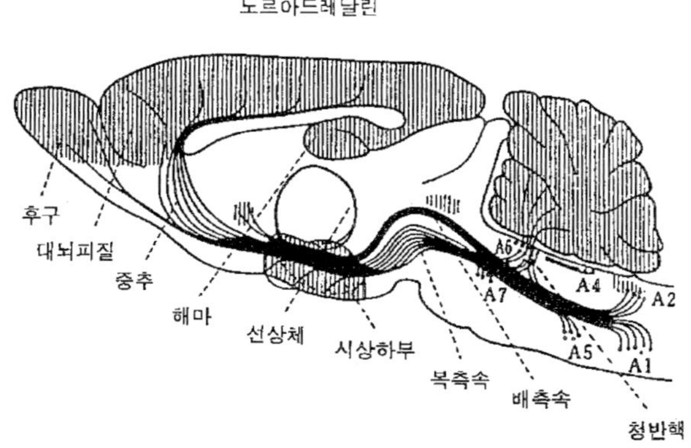

그림 7.3 Rat의 노르아드레날린 신경계

196

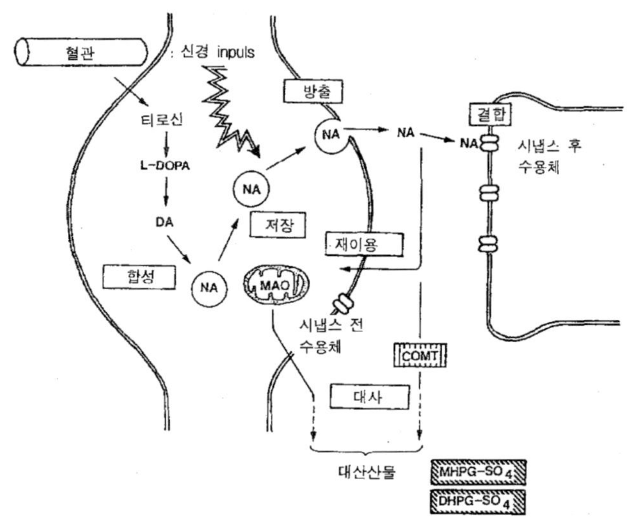

그림 7.4 노르아드레날린 신경의 시냅스

　그림 7.4에 노르아드레날린 신경의 시냅스를 표시하였다. 노르아
드레날린 신경의 신경체로부터는 긴 섬유가 나와 있지만 이 신경섬
유는 꼭 맞는 수의 주옥처럼 뇌의 여러 부위와 시냅스를 만들어 가
면서 선추를 투사하고 있다. 혈관으로부터 신경세포에 들어온 티로
신에서 L-DOPA가 합성되고 거기에 L-DOPA로부터 도파민이
합성되었고 도파민으로부터 노르아드레날린이 합성되지만 합성된
노르아드레날린은 시냅스 소포라 불리는 과립 속에 저장된다. 전도
로 전달되어 온 신경 흥분이 돌기의 선단부에 있는 신경 종말부에
전달되면 세포 밖으로부터 칼슘이 신경 종말부에 유입되고 시냅스
전막 쪽으로 이동한다. 조금 지나면 시냅스 소포의 막과 시냅스 전
막이 융합되고 그 후 일부가 끊어져서 내부의 노르아드레날린이 시
냅스의 간막으로 나온다(그림 7.4). 이것을 방출이라고 한다. 방출된
노르아드레날린은 시냅스 후막 위에 있는 특수한 단백질인 수용체

에 결합된다. 결합의 결과 시냅스 후부의 세포에는 이온 흐름의 변화와 대사의 변화가 생기고, 그들이 최종적으로는 여러 가지 생리적 변화를 일으킨다. 그 결과 시냅스 전달의 효과가 올라가게 된다.

방출된 노르아드레날린의 대부분은 시냅스 전막에 존재하는 트랜스포타 단백질에 의해 한 번 더 마지막 부분에 들어간다.

노르아드레날린은 모노아민 산화효소(monoamine oxidase, MAO)나 카테콜라민－o－메칠기 전이효소(catecholamine－O－methyltransfe-rase) 등에 의해 대사되고, MHPG (3－methoxy－4－hydroxyphenylethyl-englycol)이나 DHPG (3, 4－dihydroxyphenylethylenglycol) 등의 대사산물이 되지만 rat의 경우는 주요 대사산물이 MHPG가 유산을 포함한 $MHPG-SO_4$이다.

V. 노르아드레날린 신경계의 활동성

노르아드레날린 신경계의 신경 활동에는 여러 가지가 있지만 필자 등이 사용한 방법은 뇌 각 부위의 노르아드레날린 함량과 그의 주요 대사산물인 $MHPG-SO_4$ 함량을 동시에 측정하는 방법이다. 또 하나의 방법은 뇌의 일정 부위인 선단부에 반투막으로 된 가는 튜브(프로브)를 삽입하고 그 부분에 미약하게 흘려보내는 방법으로 이 방법은 마이크로 다이아리시스라 불린다.

각각의 방법에 장단점이 있고 신경 전달물질 및 그 대사산물 함량의 뇌의 부분별 측정법은 동시에 많은 뇌 부위에 대해 정보가 얻어지는 이점이 있는 반면, 어떤 특정의 시간의 변화만이 관찰되는 결점이 있다. 그것에 비해 마이크로 다이아리시스는 같은 동물에 대

198

해서 시간적 변화를 포착하는 것뿐만 아니라 신경 전달물질 방출에 직접적인 증거가 되는 장점을 가지고 있지만 프로브를 넣을 수 있는 곳은 많아야 두 곳까지이므로 광범위한 뇌 부위로부터 정보가 동시에 얻을 수 없다는 단점이 있다. 최근에는 마이크로 다이아리시스가 많이 선택되고 있다.

그럼 스트레스 상태에서 뇌의 노르아드레날린 신경계의 활동성이 어떻게 변화하는가를 뇌 각 부위에 대해서 노르아드레날린과 MHPG – SO₄ 함량과를 동시 측정한 경우와 마이크로 다이아리시스를 사용한 경우를 보자.

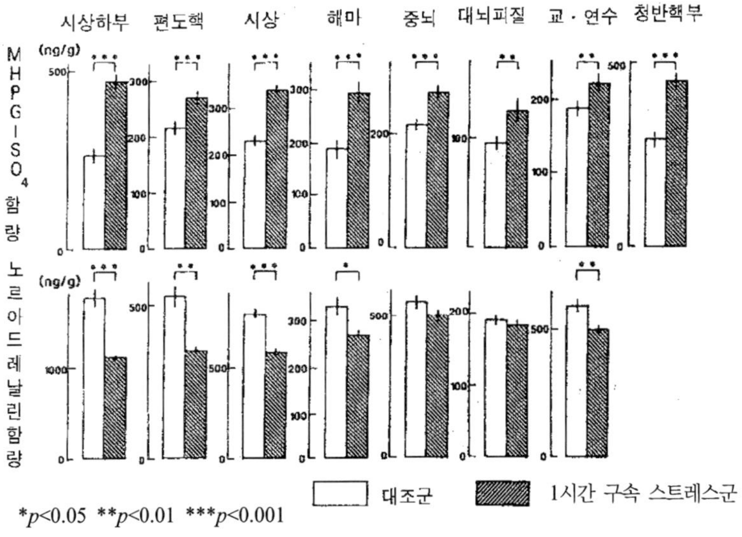

그림 7.5 1시간의 구속 스트레스가 Rat의 뇌 각 부위의 노르아드레날린
함량 및 그 주요 대사산물(MHPG – SO₄) 함량에 미치는 영향

그림 7.5에는 rat에게 구속 스트레스를 한 시간 줄 때에 뇌의 각 부위의 노르아드레날린 함량과 MHPG – SO₄함량의 변화를 표시하고 있다.[2,3,5] 이 경우 구속 스트레스는 사각 금속망을 두 개로 접은 사이에 rat을 넣고, 그 주위를 금속 침으로 찌르는 것이다. 그림 7.5의 상단에 표시한 바와 같이 검토한 뇌의 부위 전부에서 노르아드레날린의 대사산물 함량이 유의하게 증가하고 있다. 그때 노르아드레날린 함량은 하단에 표시한 바와 같이 거의 뇌의 각 부위에 있어 현저하게 감소한다.

이들 결과로부터 생각되는 것은 구속 스트레스는 광범위한 부위에서 노르아드레날린 방출이 항진한다는 것이다.

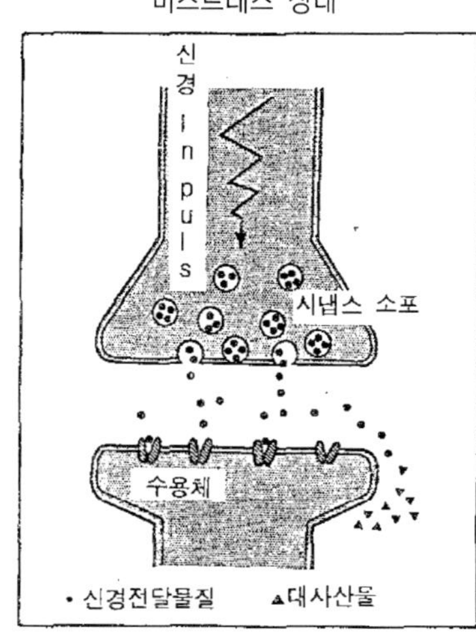

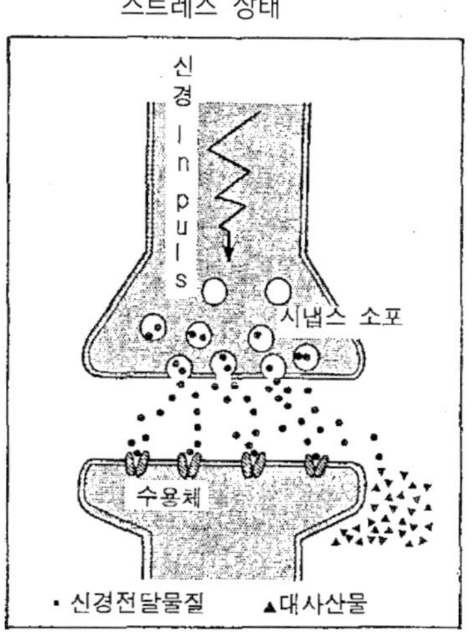

그림 7.6 비스트레스 상태(좌)와 스트레스 상태(우)의 신경 전달
물질의 방출과 대사

즉, 이와 같은 스트레스 상태에서는 그림 7.6이 표시한 바와 같이 노르아드레날린 방출이 많아지고 그를 위한 대사산물인 MHPG - SO_4함량이 증가한다. 그러나 노르아드레날린의 합성이 방출량에 미치지 못해 노르아드레날린 함량은 감소한다고 생각된다.

이것을 마이크로 다이아리시스법으로 확인한 것이 그림 7.7이다. 마이크로 다이아리시스용의 프로브는 시상하부 전체,[18] 또는 편도핵의 기저외측핵[19]에 넣는다. 그림은 20분 간격으로 모아진 시료 중의 노르아드레날린 함량의 변화를 나타내고 있다.

안정한 기초 방출량이 얻어진 후에 20분간의 구속 스트레스를 주면 관류액 중의 노르아드레날린 함량은 어떤 부위에서도 유의하게 증가하고 구속 스트레스에 의해 노르아드레날린의 방출이 항진하는 것이 나타난다.[18,19]

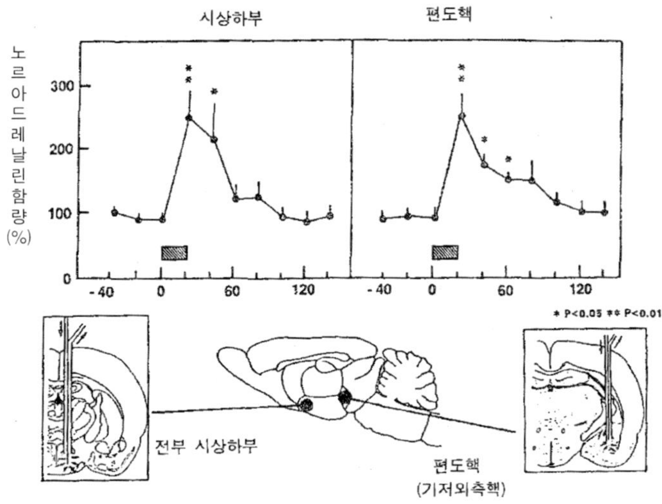

그림 7.7 Rat 전부 시상하부와 편도핵의 기저외측핵 및 외측핵을
관류해서 얻어진 관류액 중의 노르아드레날린 함량에
미치는 구속 스트레스의 영향
(▨ 그림의 사선 부분에 스트레스 부여)

Ⅵ. 각종 스트레스에 관여하는 요인의 차이와 스트레스에 의한 뇌 속 노르아드레날린 방출의 변화

① 신체적 스트레스와 심리적 스트레스

구속 스트레스 이외의 각종 스트레스 상태에서도 이와 같은 뇌의 노르아드레날린의 방출은 항진하지만, 항진의 정도나 시간 경과나 항진하는 뇌 각 부위 등은 다르다.

일반적으로 구속 스트레스나 전격 스트레스 등의 정동 반응(일시적이며 급격한 감정이나 손이 떨리고 심장이 두근거리는 등의 불인정된 신체적 현상을 나타내는 성질)을 동반하지만 신체적 요인이 크게 관여하는 스트레스는 광범위한 뇌 부위에서 노르아드레날린 방출의 항진이 생긴다(그림 7.8).

그러나 자기 자신은 전격적으로 받지 않으나 이웃한 상자의 전기 충격을 받고 있는 rat이 나타낸 정동 반응에 반영되는 심리적 스트레스[7,20,21]나 한번 전기 충격을 받은 케이지에 다시 넣어져 그때에는 전기 충격은 받지 않은 공포조건 부여[21]라고 하는 주요한 정동 요인만이 관여하는 것 같은 스트레스 상황에서는 불안이나 공포 등의 발현과 관계하고 있는 시상하부, 편도핵, 청반핵 등의 뇌 부위에서 선택적으로 노르아드레날린 방출 항진이 생긴다(그림 7.8).[7,20,21]

그 외에 필자 등은 여러 가지 스트레스 조건 아래에서 뇌 속의 노르아드레날린 신경계의 변화의 특성에 대해서 보고했다. 이것은 노르아드레날린 신경계의 변화라고 하는 면으로부터 본 뇌의 스트레스 반응의 특성이기도 하다.

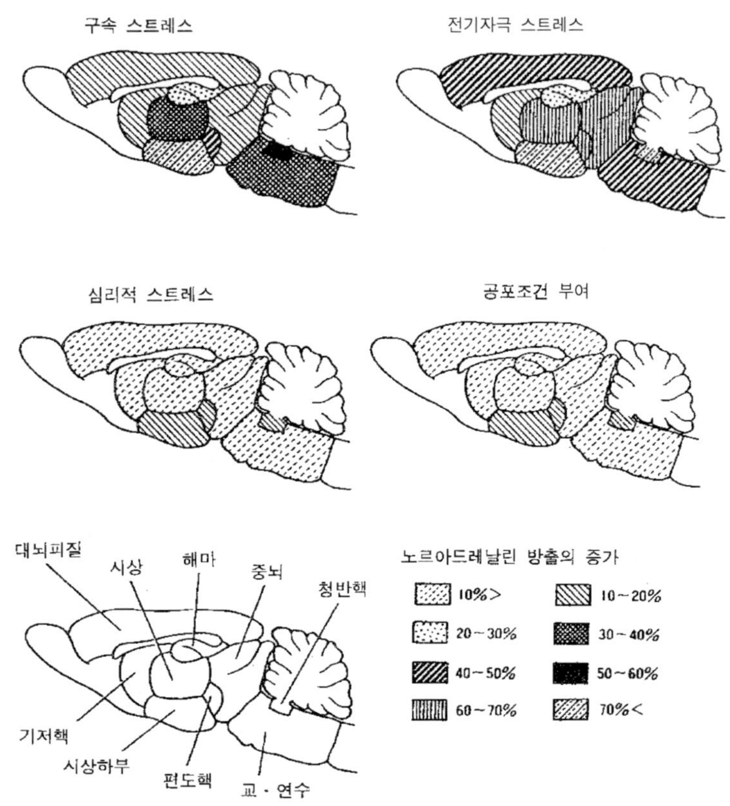

그림 7.8 구속 스트레스, 전기자극 스트레스, 심리적 스트레스 공포조건부여
스트레스를 1시간 부여할 때의 Rat에 뇌 각 부위의
노르아드레날린 방출의 변화

위에서 서술한 바와 같이 전기자극 스트레스와 같은 신체적 스트
레스, 다시 말하면 신체에 침투한 스트레스 상황과 심리적 스트레스
나 공포조건이 부여된 주로 정동요인이 크게 관여하는 스트레스 상
황과 비교하면 전술한 신체적 스트레스에서는 광범위한 뇌 부위에
서 노르아드레날린의 방출이 항진하고 그 정도도 현저하다(그림
7.8). 그러나 심리적 스트레스나 공포 조건부여에서 보이는 스트레

스 상황에서는 뇌의 노르아드레날린 방출의 변화는 시상하부나 편
도핵, 청반핵이라 하는 정동과 관계한 부위에서 보이고 항진의 정도
도 구속 스트레스나 전기자극 스트레스에 비하면 그 정도는 미약하
다(그림 7.8).

이와 같이 급성 스트레스 상황에서 비교하는 한 심리적 스트레스
보다 신체적 스트레스의 경우가 뇌의 영향이 크게 생각된다.

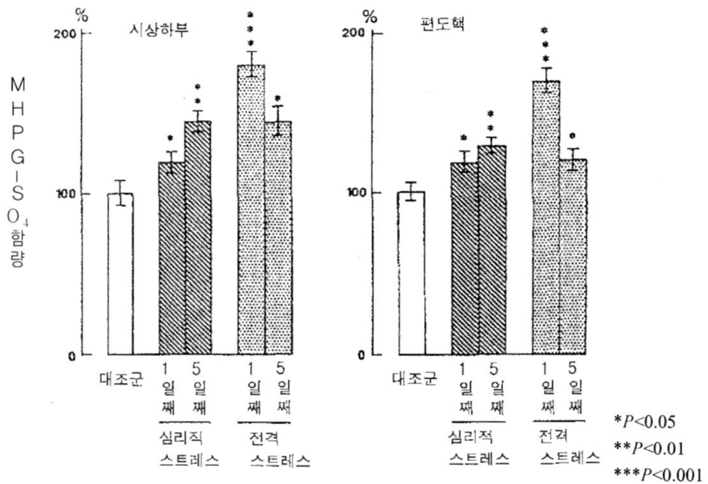

그림 7.9 1일 1시간의 심리적 스트레스 또는 전기자극 스트레스를 연속해서
5일간 부여할 때의 Rat의 시상하부(좌)와 편도핵(우)의 MHPG-
SO₄ 함량의 1일째와 5일째의 변화

그러나 이들 스트레스가 반복되는 상황은 일변한다. 결국 1일 1
회 1시간의 전기자극 스트레스, 또는 심리적 스트레스를 연속해서
5일간에 걸쳐 받은 결과가 그림 7.9이다. 5일째의 노르아드레날린
방출의 항진은 뇌 여러 곳에 급격히 감소하고 약해지는 것에 비하
여 심리적인 스트레스의 경우 스트레스가 반복되어도 약해지지 않

고 유의적 차이는 없지만 오히려 높아지고 강해지는 경향으로 변화하는 것을 나타낸다.

이와 같이 동일한 스트레스에서도 그것이 급성으로 한 번에 크게 부여되는가, 아니면 반복하여 부여되는가에 따라 생체의 반응성은 크게 변화한다. 주로 정동 요인으로 오는 스트레스의 반복이 신체적 요인이 크게 관여하는 스트레스보다 익숙해지기 어렵다. 사람의 경우에서도 똑같이 단순한 신체적 스트레스보다 심리적 스트레스 쪽이 반복될 경우 익숙해지기 어려운 일상 경험으로 생각된다. 이런 경우 동물 실험의 연구를 참조한다면 신경 전달 물질의 방출 항진이라고 하는 일에 익숙해지지 않았다는 것일 것이다.

② Stresser를 조절할 수 있는가?

Stresser에 대응해서 자신을 조절하는 수단이 필요한가 아닌가는 뇌의 노르아드레날린 방출 항진에 크게 다른 점을 발생시킨다.[8] 조절하는 수단이 없는 rat에 비교해 전격에 대해 조절 가능한 rat은 위 점막 손상의 정도가 유의적으로 작게 된다.[22]

시상하부나 편도핵의 노르아드레날린 방출 정도는 조절하는 수단을 학습하기까지의 최초의 시기는 조절 가능한 rat이 유의적으로 크지만 조절하는 수단을 거의 학습한 후에는 조절 가능한 rat의 노르아드레날린 방출 항진은 조절 가능하지 않은 rat보다 유의하게 작게 된다.[8] 이와 같이 stresser에 대해 조절하는 수단을 가지고 있는가 아닌가도 큰 요인이고 stresser에 대해 조절하는 수단을 가진 편이 한층 더 좋지만, 그 방법을 획득하기까지 많은 스트레스를 받은 것이다.

③ Stresser는 예측 가능한가?

Stresser를 예측할 수 있는가 아닌가도 하나의 요인이지만 stresser를 예측 가능한 rat의 경우가 가능하지 않은 rat보다 위 점막 손상의 정도가 유의하게 가볍고 시상하부나 편도핵의 노르아드레날린 방출 정도도 유의하게 작았다.[9]

이들 사실은 같은 스트레스에 노출되면 그것을 예측 가능한 쪽이 유리하다는 것을 시사하고 있다.

④ 스트레스의 발산

스트레스에 대해 발산한다고 하는 말을 자주 사용한다. 이와 같이 스트레스에 대해 발산하는 수단이 있는지 없는지에 대해서도 검토했다.[23,24] 결국 2마리의 rat을 한 그룹으로 해서 누워서 움직이지 못한 자세로 구속 스트레스를 부여하면 한 rat은 눈앞의 통을 붙들고 있을 수 있게 된다. 이 말은 이 rat이 통에 달라붙는 것에 의해 분노의 방출이 가능하게 되지만 또 다른 한 rat은 통에 붙을 수 있는 기회를 잃고 발산하지 못한다. 이와 같은 상태에 10분간 있은 후 스트레스에서 놔주고 50분 후에 뇌의 노르아드레날린 방출의 정도에 대해서 검토했다.[23] 그 결과 시상하부나 편도핵에서 10분간의 스트레스에 의해 노르아드레날린 방출이 항진하는 경향을 나타내었지만 큰 변화는 스트레스가 없어진 후에 보였다. 즉 분노를 발산한 rat에서는 스트레스로부터 해방된 후 노르아드레날린 방출의 항진은 거의 같은 정도로 계속되지만 오히려 감소하며 약해지는 경향의 변화를 보이는 데에 반하여 발산하지 못한 rat은 해방 후 노르아드레

날린 방출의 항진이 현저하게 올라가 분노를 표출한 rat과의 유의적
인 차이를 나타내었다(그림 7.10).

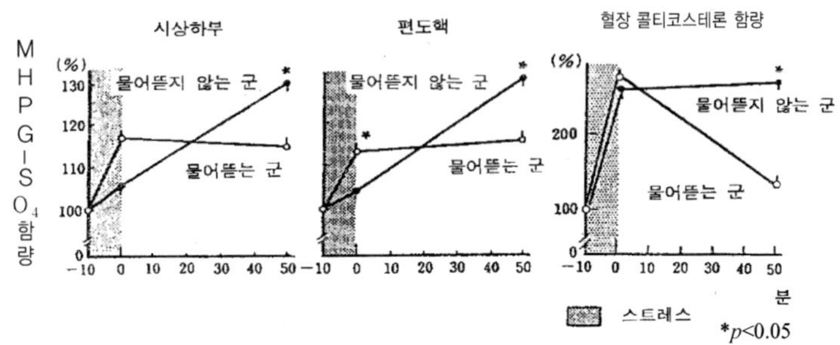

그림 7.10 눈앞에 젓가락을 물어뜯는 것으로 분노의 표출이 가능한 군
　　　　(물어뜯는 군)과 그것이 가능하지 않는 군(물어뜯지 않는 군)의
　　　　Rat 시상하부와 편도핵의 MHPG－SO₄함량의 변화와 혈장
　　　　콜티코스테론 함량의 변화. (Rat은 10분간의 스트레스 부여 후
　　　　해방)

　부신 피질 호르몬인 혈장 콜티코스테론 함량은 양쪽 그룹 함께
10분간의 스트레스에 의해 유의하게 증가했지만 발산한 rat에서는
스트레스로부터 해방 후 급속하게 회복하고 해방 후 50분이 지나서
는 스트레스 부여 전의 수치로 감소하였다. 이에 반하여 발산하지
못한 rat은 스트레스에서 해방되어도 스트레스 부여 때와 같은 정도
의 증가가 지속되었다(그림 7.10). 더욱이 24시간의 절식 후 실온
4℃ 방에서 한 rat은 통에 붙어 분노를 발산하지만 다른 한 rat은 그
런 수단이 없는 상태로서 양쪽에 같은 스트레스를 부여하고 스트레
스로부터 해방 100분 후에 검토했다.[24] 마이크로 다이아리시스에서
얻어진 시상하부 앞부분의 관류액 중에서 노르아드레날린 함량은
스트레스 부여에 의해 발산하지 못한 rat에 비해 유의적으로 크게

증가하고(그림 7.11의 왼쪽), 그리고 스트레스에서 해방 후에도 유의
한 증가를 지속했다. 또 발산한 rat에 비해 발산하지 못한 rat에서는
위 점막 손상은 유의하게 컸다(그림 7.11의 오른쪽).

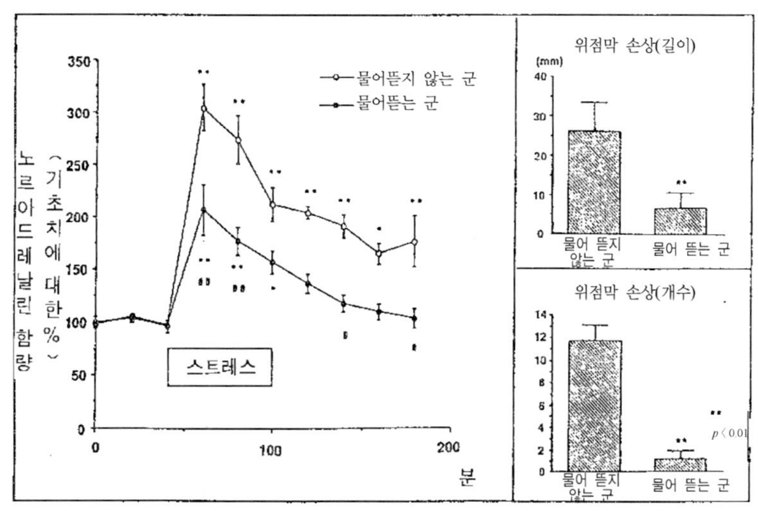

* $p < 0.05$, ** $p < 0.01$
\# $p < 0.05$, \#\# $p < 0.01$

그림 7.11 한냉 구속하에서 분노의 표출을 한 군(물어뜯는 군)과그것을 하지
　　　　않았던 군(물어뜯지 않는 군)의 Rat 편도핵의 기저외측핵 및 외측핵의
　　　　노르아드레날린 방출의 변화와 위점막 손상의 발생 (*은 기초치에 대한
　　　　유의적 차, \#은 군 간의 유의차)

　이들 결과는 스트레스 상황에서 분노를 표출할 수 있었는가 없었
는가가 시상하부나 편도핵의 노르아드레날린 방출의 변화나 스트레
스에 의한 위 점막 손상의 발생에 크게 영향을 주는 것으로 나타나
고 있고 발산한 rat의 경우가 어떤 변화도 적다고 말할 수 있다. 아
마 사람의 경우에 있어서도 분노를 표출할 수 있는가 아닌가가 뇌
나 신체 기능에 크게 영향을 줄 것으로 생각된다.

Ⅶ. 가령과 스트레스에 의한 노르아드레날린 방출의 변화

고령자 인구의 증가를 동반하여 가령의 문제는 사회적으로나 의학적인 문제로 대두되고 있다. 그러나 많은 동물실험의 대상으로 되고 있는 동물은 젊거나 어린 동물이다. 필자 등은 고령 rat과 젊은 rat의 뇌의 노르아드레날린의 기초 방출의 차이에 대하여 검토하는가 동시에[25] 스트레스에 대한 반응성의 차이에 대해서도 검토했다.[6] 고령 rat은 12개월령의 rat을 젊은 rat으로서는 2개월령의 rat을 대상으로 했다.[6] 부여하는 스트레스는 구속 스트레스로 하였다. 구속 스트레스는 전술한 금속 망 속에 rat을 넣고 주의를 금속 침으로 찌르는 방법이다.

스트레스 부여법에는 여러 가지 방법이 있으나 가령의 차이에 의한 검토를 하는 경우 중요한 것은 연령이 많이 차이가 있는 것을 조건으로 고려해야 하는 것이다. 즉 이 경우 대상으로 된 젊은 rat은 체중 $200\sim230$ g이고 한편 고령의 rat은 체중이 $480\sim610$ g이다. 만약 전격 스트레스를 선택하면 젊은 rat은 전기 자극에 대응해서 자주 높이 뛰어오르지만 고령의 rat은 그것을 거의 할 수 없는 차이가 생기고 같은 스트레스를 부여할 수 없게 된다. 이러한 이유로 구속 스트레스의 경우 그 rat에 맞는 크기의 금속 망을 준비하는 것이 가능하기 때문에 rat의 체중이 차이가 있거나 연령에 차이가 있거나 해도 비교적 비슷한 스트레스를 부여할 수 있다.

그럼 이와 같은 상황에서 연령이 다른 rat에 같은 구속 스트레스를 3시간 부여해 부여직전, 부여종료 직후, 스트레스로부터 해방 후 6시간, 24시간 후의 뇌 각 부위의 노르아드레날린 함량 및 그 주요 대사산물인 $MHPG-SO_4$ 함량을 정량하는 것과 함께 혈장 콜티코

스테론 함량을 정량했다.[6]

　시상하부와 편도핵의 MHPG – SO_4 함량에 대한 결과를 그림 7.12에 나타냈다.[6] 2개월령의 젊은 rat도 12개월령의 고령 rat도 구속 스트레스에 의해 시상하부와 편도핵의 MHPG – SO_4 함량이 유의하게 증가하고 이들 부위에서 노르아드레날린의 방출이 항진하는 것이 나타났다. 흥미 있는 것으로 이들 연령이 다른 rat에서 스트레스에 의한 노르아드레날린 방출 항진의 정도는 거의 같았다.

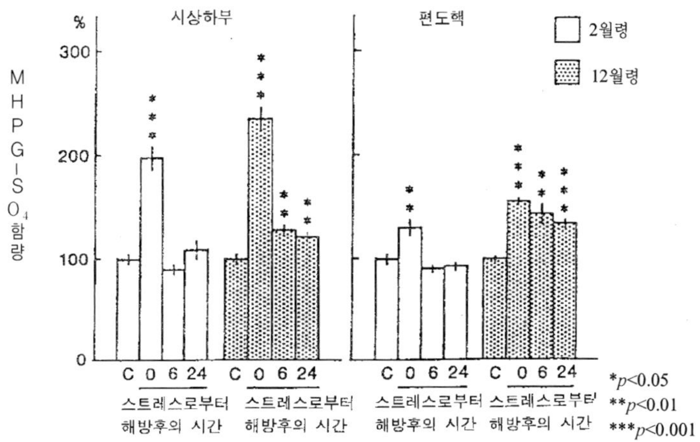

그림 7.12 2월령의 Rat과 12월령의 Rat에 3시간의 구속 스트레스를 부여할 때와 스트레스로부터 해방 6시간 후, 24시간 후의 MHPG – SO_4 함량의 변화

　양 그룹에서 차이를 보인 것은 스트레스에서 해방 후였다. 그림 7.12에 나타낸 바와 같이 젊은 rat의 노르아드레날린 방출 항진은 스트레스에서 해방 후 바로 회복하여 시상하부에서도 편도핵에서도 해방 6시간 후에는 스트레스 부여 전의 수치로 돌아왔다. 스트레스에서 해방 24시간 후에도 회복한 그대로였고 증가는 없었다.

210

이것에 비해 고령 rat의 경우 시상하부에서는 스트레스 후 6시간에 MHPG − SO$_4$ 함량은 감소하고 스트레스 부여 전에 비하여 현저하게 증가했다. 이 결과는 스트레스에서 24시간 후에도 같은 양상으로 스트레스에서 해방 직후의 MHPG − SO$_4$ 함량보다는 감소하고 스트레스 해방 후 6시간에는 거의 같은 수준이었다.

편도핵에 대해서도 같은 결과가 얻어졌지만 편도핵은 가령차에 의해 더욱 현저한 차이를 보였다. 그림 7.12에 나타낸 바와 같이 젊은 rat에서도 고령 rat에서도 스트레스에 의한 MHPG − SO$_4$ 함량의 증가는 같은 정도였지만 구속 스트레스가 연령과 관계가 없고 같은 정도의 노르아드레날린 방출 항진을 편도핵에서 일으키고 있는 것이 시사되었다.

젊은 rat에서는 스트레스에 의해 생긴 MHPG − SO$_4$ 함량의 증가는 스트레스로부터 해방 6시간 후에는 스트레스 부여 전의 수치까지 회복하고 있으며 그대로의 수치로 24시간 후까지 변화했다.

이것에 대해 고령 rat에서는 스트레스로부터 해방 후 6시간의 MHPG − SO$_4$ 함량 수치는 스트레스 해방 직후의 수치의 92%라고 하는 높은 수치였고 스트레스 해방 24시간 후에도 아직 88%였고 어느 쪽도 스트레스 부여 전에 비교하여 유의하게 높은 수치를 나타내었다. 즉 고령 rat의 편도핵에서는 스트레스로부터 해방 후에도 노르아드레날린의 방출 항진이 지속되고 있는 것으로 나타났다.

결과는 나타내지 않지만 고령 rat에 있어서 스트레스로부터 해방 후의 노르아드레날린 방출 항진으로부터 회복이 늦는 것은 다리, 연수, 중뇌, 시상 등에서도 보였다.[6]

그림 7.13은 혈장 콜레스테롤 함량의 결과이다. 젊은 rat과 고령 rat 모두 혈장 콜레스테롤 함량은 3시간의 구속 스트레스에 의해 유

의적으로 증가하지만 증가의 정도는 젊은 rat과 고령 rat 함께 거의
같은 정도였다.

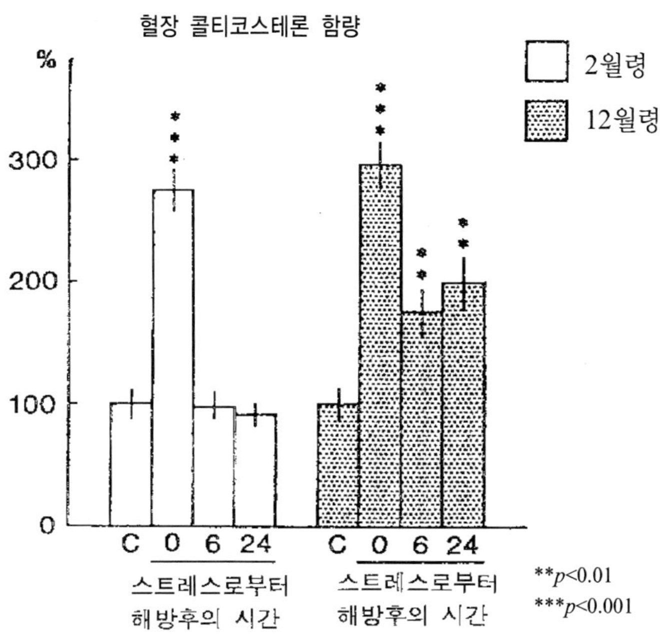

그림 7.13 2개월령의 Rat과 12개월령의 Rat에게 3시간의 구속
스트레스를 부여한 때와 스트레스로부터 해방 6시간 후,
24시간 후의 혈장 콜티코스테론 함량의 변화

그러나 뇌의 노르아드레날린 방출의 변화와 함께 혈장 콜레스테
롤 함량 증가로부터 회복에는 큰 연령 차이가 보였다.[6] 즉 젊은 rat
에서는 스트레스에 의해 일어난 혈장 콜레스테롤 함량의 증가는 스
트레스로부터 해방 6시간 후에는 스트레스 부여 전의 수치로까지
회복하고 있는 것에 대하여 고령 rat에서는 스트레스로부터 해방 직
후의 수치보다 감소하고 스트레스 부여 전의 수치에 비교하면 더욱

유의적으로 높고 이 경향은 스트레스로부터 24시간 후까지 지속해 이 시점이라도 아직 유의적으로 높은 수치를 나타내었다.[6]

이상에서 서술한 바와 같이 젊은 rat의 스트레스와 고령 rat의 스트레스 반응을 비교하여 보면 3시간의 구속 스트레스라고 하는 것에 한정하여 보면 스트레스에 의해 일어나는 뇌 노르아드레날린 방출의 항진의 정도나 혈장 콜레스테롤 함량 증가의 정도 등에는 가령에 의한 차이가 크지 않았다.

그러나 이들 스트레스에 의해 생긴 뇌 노르아드레날린 방출 항진이나 혈장 콜레스테롤 함량 증가로부터의 회복에는 큰 연령 차이가 존재하고 있고 젊은 rat은 스트레스로부터 해방 5시간 후에는 이미 이들 스트레스에 의한 변화에서 회복하고 있기 때문에 고령 rat에서는 혈장 콜레스테롤 함량 증가로부터 회복이 늦어지는 것만이 아니라 시상하부, 편도핵, 시상, 중뇌, 다리, 연수 등에서 노르아드레날린 방출 항진으로부터 회복이 늦어지는 것이 관찰되었다.

이들의 부위 중에서도 편도핵의 회복은 가장 늦은 곳으로 불안이나 억압 등의 심적 움직임에 깊은 관계를 갖는 부위이며 초기 노년기가 되어 급격하게 우울증의 발병 빈도가 증가해 오는 것을 생각하면 흥미 있는 소견이다. 또 판단하기에 따라서는 이 실험으로 스트레스로부터 해방하여 6시간 후나 24시간 후라고 하는 시점은 rat이 스트레스로부터 완전하게 해방되어 있는 시간이며 소위 스트레스 실험 용어로는 객관적으로 스트레스는 OFF상태, 즉 눈앞에는 스트레스가 없는 상태라고 표현할 수 있다. 이럼에도 불구하고 이들 시점으로부터 고령 rat에 생기고 있는 변화는 완전히 스트레스에 노출되는 경우를 말한다. 다시 말하면 눈앞에 스트레스가 없음에도 불구하고 생체는 스트레스 반응을 하고 있다는 것이 된다.

우리들도 객관적으로 보아 스트레스에 노출되고 있다고 생각될 때 스트레스 상태에 있는 것은 아니고 예를 들어 눈앞에 직접적인 스트레스가 없어도 분노나 공포나 불안 등의 심적 움직임을 동반하면서 그와 같은 상황을 생각나게 할 때에도 생체가 같은 스트레스 반응을 하고 있다는 의미만으로도 중요한 소견이 된다.

이와 같은 것을 생각하면 스트레스 해소라고 하는 의미에서 휴양을 하고, 운동을 하고 있다고 해도 그 내용, 즉 질이 중요할 것이다.

어떤 면으로나 이들 실험 결과로부터 고령자의 스트레스에는 젊은 자와 비교하여 그것만으로 충분하게 휴양을 취할 필요가 있는 것이 시사되었다.

Ⅷ. 활동성 스트레스와 뇌 노르아드레날린 방출의 변화

① 활동성 스트레스란?

활동성 스트레스란 원래 Paré 등[26]에 의해 시작된 실험 계획이다. 이 실험을 구성하고 있는 요인은 2가지가 있다. 그 하나는 rat을 회전 그릇이 붙은 케이지에서 사육하는 것과 다른 하나는 사료를 주는 시간을 1일 1시간에서 2시간으로 제한하는 것이다. 회전 그릇이 붙은 케이지는 rat이 케이지와 회전 그릇 사이를 자유로 오고 가게 할 수 있다.

② 활동성 스트레스에 의한 신체 변화

먼저 rat을 통상의 케이지에 사육하는 그룹과 회전 그릇이 달린 케이지에서 사육하는 그룹으로 나누고 최초에 각각의 케이지에 사육하는 3일간의 순응기를 둔 후 각각의 군을 자유 섭취군과 1일 1시간의 제한 급식군의 2군으로 세분하였다.[27] 이들 4군에 대해서 체중 변화, 섭취량, 회전 수(회전그릇 달린 케이지에서 사육한 rat) 등에 대해서 조사한 결과 회전 그릇-제한 급식군, 즉 활동성 스트레스 군에서 가장 현저한 체중 감소, 섭취량의 감소를 보였다. 회전 그릇-자유 섭식군의 1일당의 회전수와 거의 일정한 것에 비하여 활동성 스트레스 군의 회전수와 날 수에 따라 증가하고 1일에 14,000~16,000회 정도, 그러나 극단적인 rat의 경우는 20,000회 정도로 증가하고 그 후 급격하게 회전수가 감소했지만 그것에 동반하여 극단적인 섭취량 감소, 체중의 감소, 체온의 저하 등이 보이며 최종적으로 사망하는 rat도 출현한다.[27] 각 군의 체중에 대한 상대적 장기 중량에 대해서는 흉선 및 비장 중량의 감소, 부신중량의 증가는 활동성 스트레스 군에서 가장 현저했다.[27]

③ 활동성 스트레스에 의한 위 점막 및 뇌 노르아드레날린 방출의 변화

가장 특색 있는 것은 위 점막손상의 발생과 뇌 노르아드레날린 방출의 변화이다. 활동성 스트레스군에서 가장 중독인 위 점막 손상의 발생이 보이고 뇌 노르아드레날린 방출 항진도 활동성 스트레스 군에서 가장 현저하였다.[27]

활동성 스트레스에 노출되는 경우 위 점막 손상의 발생과 뇌 노르아드레날린 방출의 변화에 대해서 5일간에 걸쳐 경시적 변화를 검토했다.[28] 그 결과 뇌 노르아드레날린 방출 항진도 위 점막 손상도 3일째에서 5일째에 걸쳐 급격하게 증가했다(그림 7.14).

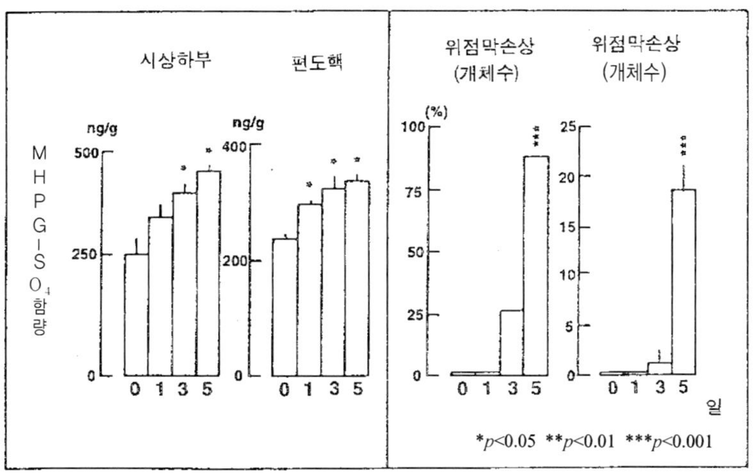

그림 7.14 활동성 스트레스에 의한 Rat 시상하부 및 편도핵의 MHPG-SO₄ 함량 및 위장점막 손상 발생의 경시적 변화

④ 사람의 스트레스의 유사성

이와 같이 활동성 스트레스는 본질적으로 회전 그릇이 달린 케이지에 사육과 제한 급식은 특색 있는 스트레스 패러다임이 있다. 그 결과 회전 그릇의 회전수는 급격하게 증가하고 급격한 그리고 현명한 시상하부나 편도핵에 있어 노르아드레날린 방출의 항진, 매우 위험한 위 점막 손상의 발생 등이 특색 이라 할 수 있다.

이와 같은 상황은 고도한 활동으로 나타나고 식사의 섭취도 불규

칙이 되면 사람의 일중독의 상태, 혹은 과로상태와 유사하다고 생각된다.

⑤ 활동성 스트레스에 의한 변화를 예방하는 항목

앞에서 기술한 바와 같이 활동성 스트레스를 구성하는 2가지의 중요한 요인의 하나는 제한 급식이다. 기본적으로 제한 급식은 1일 1시간이지만 1일 1시간의 섭취 시간이 있다 해도 이것을 30분씩 2회로 나누면 어떻게 되는가? 이와 같은 생각의 저변에는 그림 7.15에 나타낸 바와 같이 모두 rat을 회전 그릇이 달린 케이지에서 사육하고 급식의 조건을 1일 1시간으로 1회, 2시간으로 1회, 1회가 30분으로 2회, 1회 1시간으로 2회로 한 4그룹을 설정했다.[29] 즉 모든 군이 활동성 스트레스군이라 할 수 있지만 1일 급식 시기가 1시간과 2시간과의 군이 있고 또 각각 2회에 분할된 군을 설정한 것이 된다.

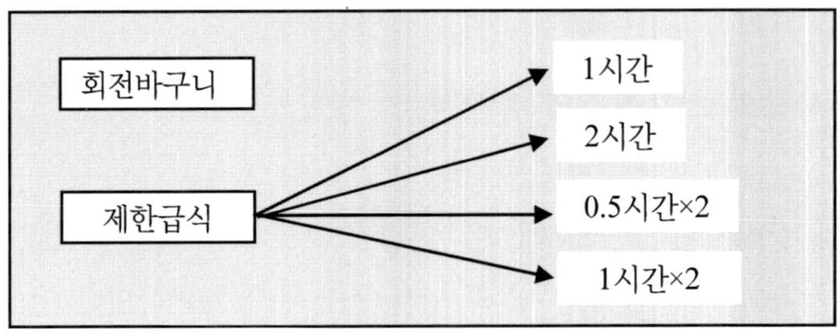

그림 7.15 활동성 스트레스로 제한 식이의 급여방법을 바꾸는 실험디자인

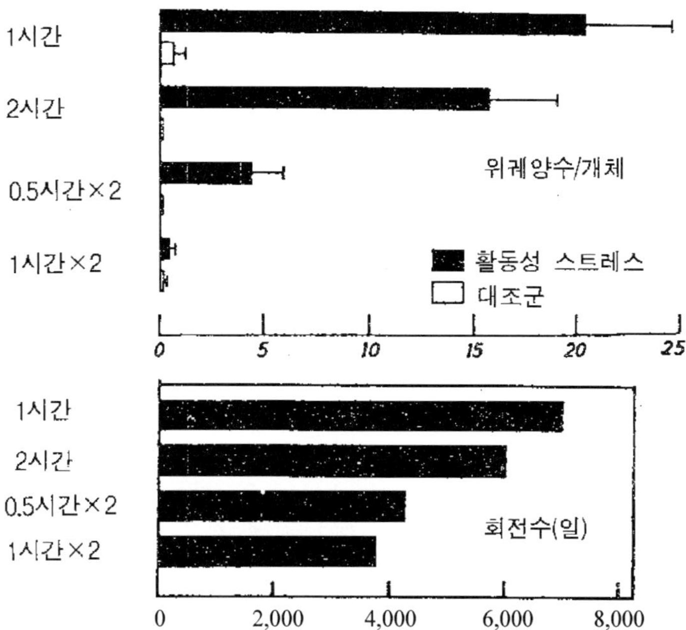

그림 7.16 활동성 스트레스를 제한 식이의 급여조건을 바꿀 때의
위 점막 손상의 발생(상)과 회전틀의 회전수의 변화(하)

그림 7.16에 위 점막 손상과 회전 그릇의 회전수를 결과로 나타낸다. 1일당의 회전수는 1시간군이 가장 많고 다음으로 2시간군, 0.5시간×2회군, 1시간×2회군의 순위였다. 위 점막 손상이 가장 위험한 것은 1시간군이고 그 다음으로 2시간군이고 0.5시간×2회군에서는 아주 경미하며 1시간×2회군이 되면 거의 확인되지 않았다.[29]

1일당의 섭취량과 각 장기 중량의 변화를 그림 7.17에 나타낸다. 섭취량은 1시간군을 제외한 경시적으로 증가해 가는 경향을 표시하지만 섭취량이 가장 많은 군은 1시간×2회군이고 다음으로 0.5시간×2회군, 2시간군의 순서였다. 1일 1시간 군에서는 섭취량은 거의 증가하지 않았다.[29]

▼장기중량 (mg/g)

처치	흉선	부신피질
1시간	0.54±0.13*	0.30±0.03*
2시간	0.53±0.06*	0.29±0.03
0.5시간×2	0.82±0.14*	0.24±0.04
1시간×2	1.40±0.17	0.20±0.03

* $p < 0.05$

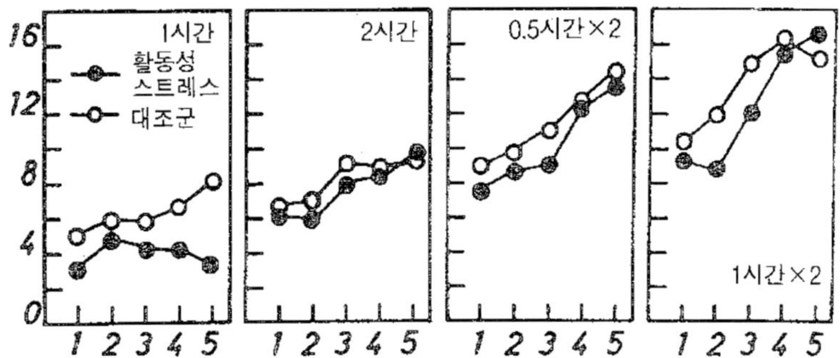

그림 7.17 활동성 스트레스로 제한 식이의 급여조건을 바꿀 때의 각 장기 중량(상)
과 1일 섭취량(하)의 변화

장기 중량에 대해서는 흉선 중량, 부신 중량이 변하지 않은 군은
1시간×2회군이고 보통의 케이지에서 사육되지만 섭식 조건이 각각
의 실험군과 같은 대조군에 비교해 유의한 차이는 인정되지 않았다.
그 외의 군에 대해서는 각각의 대조군에 비교해 유의적으로 흉선
중량이 감소하고 있지만 감소의 정도는 0.5×2회군부터 1시간군과 2
시간군이 컸다. 또 부신 중량에 대해서는 1시간군만으로 유의한 증
가를 보였다. 이상의 결과에서 예를 들어 1일 1시간이라고 하는 급
식시간이 제한되었다고 해도 그것이 30분간의 2회라고 하는 분할되

는 것만으로 위 점막 손상이나 장기 중량의 변화 등도 활동성 스트레스에 의해 생기는 생체 변화가 많이 예방되는 것을 알았다.

이것이 곧 사람에게도 부합된다고 생각할 수는 없지만 식사가 1일 1회 섭취하는 것보다 단시간이라도 2회에 나누는 편이 좋다고 하는 극히 일반적인 사실이 확인되었다.

⑥ 활동성 스트레스로 생긴 병변의 치유

활동성 스트레스는 극단적인 회전수의 증가, 그것도 자발적인 회전수의 증가와 무거운 위 점막 손상, 장기 중량의 변화 등도 보인다. 일단 생긴 이들 변화에 대하여 무엇이 치료를 빠르게 할까? 이들을 명확하게 하고자 하는 목적으로 그림 7.18에 나타낸 것과 같은 실험을 설정했다.[30] 모든 rat을 회전 틀에 사육하고 1일 1시간의 제한 식이를 해 각 rat의 직장 온도를 측정하고, 직장 온도가 급격히 저하하는 rat에게는, 활동성 스트레스에 의한 신체 변화가 있는 정도로 보고 그 시점에서 다음의 3가지 조작을 실시하였다. 회전틀 그대로 사육하지만 자유 섭식을 하는 군(B), 통상의 케이지에 되돌려 자유 섭식을 하는 군(C), 통상의 케이지에 되돌려 제한 식이를 계속하는 군(D)이다. 한편 A군은 체온 저하가 보이면 바로 실험을 종료하고 회복으로의 과정이 없는 대조군으로 한다. 이 실험에서는 기본적으로 제한 식이를 원래의 상태로 되돌린 쪽이 좋은가, 증가한 운동량을 되돌린 쪽이 좋은가를 검토하는 것이 된다.

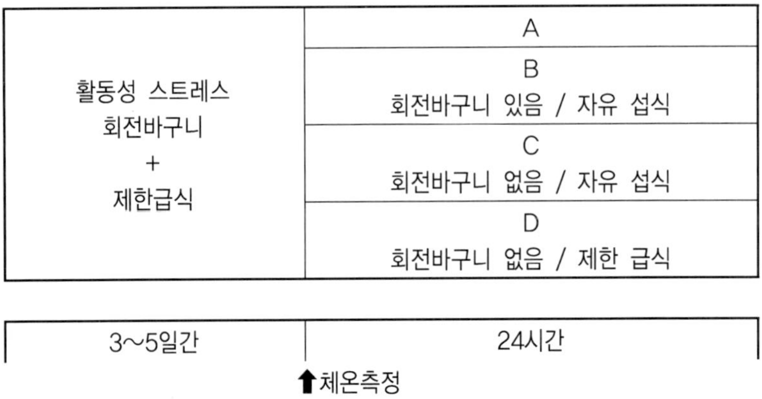

활동성 스트레스 회전바구니 + 제한급식	A
	B 회전바구니 있음 / 자유 섭식
	C 회전바구니 없음 / 자유 섭식
	D 회전바구니 없음 / 제한 급식

| 3~5일간 | 24시간 |

↑체온측정

그림 7.18 활동성 스트레스로부터의 회복 실험의 디자인

▼표 7.1 활동성 스트레스로부터의 회복 조건의 차이에 의한
위 점막변화의 차이

군	발생수	평균 궤양수	평균 궤양길이
A	8/8	59.3±12.2	23.9±4.2
B	3/7	9.3±9.0*	4.3±3.3*
C	6/7	12.3±8.5*	8.5±3.9*
D	5/7	70.4±27.2	43.9±8.6*

위 점막 손상의 결과를 표 7.1에 표시하지만, 자유 섭식을 한 B 군, C군에서는 평균 궤양 수, 평균 궤양 길이 등도 유의적인 회복을 나타냈다.[30] 회전틀이 붙은 케이지에서 꺼내어 제한 급식을 계속한 D군에서는 위궤양의 개선이 거의 보이지 않았다.

이들 결과로부터 활동성 스트레스가 병변으로부터의 회복에는 운동량의 제한보다 오히려 제한 급식을 중지하는 것이 효과가 있는 것으로 시사되었다. 그러나 자유 섭식을 하는 것으로 위 점막의 손상이 낳는 국소적인 효과도 있을 수 있으므로 급하게 결론을 유추할 수 없지만 적어도 제한 급식이 좋지 않다는 것이 명확하게 되었다.

이와 같이 활동성 스트레스의 실험에서 스트레스 상황으로 일정한 시간별로 식사를 하는 것의 중요성은 충분히 시사되었다.

IX. 연속 스트레스와 간헐적 스트레스

다음으로 스트레스 부여를 연속적으로 준 경우와 간헐적으로 준 경우의 뇌의 노르아드레날린 방출의 변화[31]에 대하여 서술한다.

실험 디자인은 그림 7.19에 나타낸 바와 같이 5개의 군을 설정했다. 즉, 스트레스를 부여하지 않은 대조군(1군), 연속해서 180분간 구속 스트레스를 부여한 군(5군), 15분간 구속 스트레스를 17분간 스트레스로부터 해방 기간을 사이에 두고 180분 동안 6회 반복하는 군(2군), 30분간의 구속 스트레스를 45분간의 스트레스로부터의 해방 기간을 사이에 두고 3회 반복되는 군(3군), 90분간의 연속구속 스트레스를 부여받은 군(4군)이지만, 2군, 3군, 4군의 스트레스 부여 시간의 합계는 모두 90분이다.

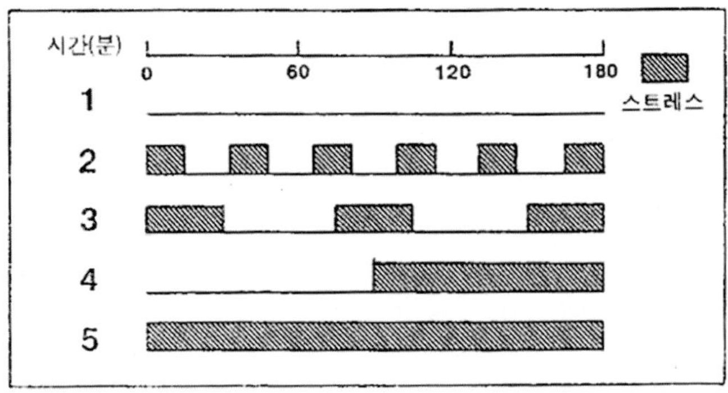

그림 7.19 구속 스트레스를 연속 부여하든지 간헐적으로 부여하는지의
실험디자인

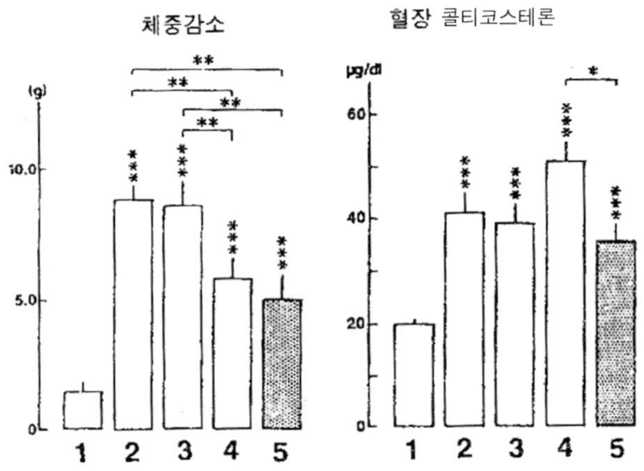

1. 대조군
2 15분×6회군
3 30분×3회군
4. 90분의 연속 스트레스
5. 180분의 연속 스트레스

그림 7.20 구속 스트레스를 연속부여한 경우와 간헐적으로
부여한 경우의 체중감소와 혈장 콜티코스테론
함량의 변화

그림 7.20에 체중의 변화와 혈장 콜티코스테론 함량의 변화를 나타내지만 가장 체중이 감소한 것은 15분간 스트레스를 받은 군과 30분간 스트레스를 받은 군이고 양쪽 모두 180분 연속으로 스트레스를 받은 군에 비교하여 유의적인 차이를 보였다.[31] 혈장 콜티코스테론 함량은 모두 유의적으로 증가했지만 90분 연속 스트레스 군과 180분 연속 스트레스 군과의 사이에 유의적인 차이가 보였다.

이것은 연속 스트레스를 받은 경우 스트레스에 의한 혈장 콜티코스테론 함량의 증가가 스트레스 60분 후 정도에 최대치를 나타내고 그 후 점점 감소하는 것과 관련 있을 것으로 생각된다.[2]

그림 7.21에 뇌 각 부위의 $MHPG-SO_4$ 함량의 변화를 나타냈다. 시상하부에서는 180분의 연속 스트레스 군에 비하여 15분의 분할 스트레스 군, 30분 분할 스트레스 군의 $MHPG-SO_4$ 함량이 유의적으로 높게 나타났고 이들 분할 스트레스 군이 노르아드레날린 방출의 항진이 분명하였다. 같은 양상의 결과는 편도핵, 청반핵에서도 보였다. 해마나 대뇌 피질에서도 15분간 분할 스트레스 군에서 $MHPG-SO_4$ 함량의 증가가 가장 현저하고, 180분 연속 스트레스 및 90분 연속 스트레스 군에 비하여 유의적인 차이가 보였다.[31]

이 실험 결과로부터 같은 구속 스트레스가 부여되어도 부하시간의 길이나 그것이 연속적 부여인지 간헐적 부여인지 등으로 뇌 각 부위의 노르아드레날린 방출의 항진에 큰 차이를 생기게 하는 것이 명확하게 되었다. 이번 결과로 체중감소, 혈장 콜티코스테론 함량 증가, 뇌의 노르아드레날린 방출의 항진이라고 하는 스트레스 반응이 가장 현저하였고 연속 스트레스 군에서는 없었고 15분 분할 스트레스 군에서 있었다. 이 군에 180분간 중에 실질적 스트레스가 부여된 시간은 180분 연속 스트레스 군의 반인 90분간이었다.

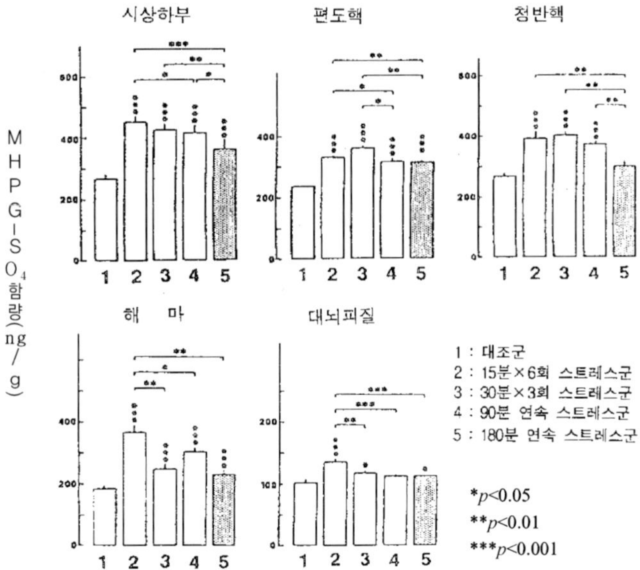

그림 7.21 구속 스트레스를 연속 부여한 경우와 간헐적으로 부여한
경우의 Rat 시상하부, 편도핵, 청반핵, 해마, 대뇌피질의
MHPG − SO₄ 함량의 변화

이들 결과로부터 동물은 스트레스가 연속되면 아마도 그 중간에 자체적으로 적응하는 듯 생각되지만 스트레스와 스트레스와의 간격이 적당하지 않은 경우에는 그와 같은 적응이 극히 어려운 일이라고 시사되고 있다고 생각된다.

다시 말하면 휴양은 "그냥 하면 되지" 하는 것이 아니라 휴양으로서의 의미를 가진 시간과 질이 중요하다고 하는 것이다.

X. 맺음말

필자 등이 rat을 대상으로 한 스트레스 실험을 계속 소개하면서 스트레스와 휴양의 문제에 대하여 서술해 봤다.

요약하면 그림 7.22에 나타낸 바와 같이 스트레스에 대해 적당한 휴양은 당연 필요한 것이지만 그때 stresser의 질이나 지속을 생각하는 것만이 아니라 연령 등의 생체의 조건을 고려하는 것이 중요하며 스트레스 상태에서 그것에 어울린 영양의 섭취가 필요해도 규칙적인 식사의 섭취 등이 기본적인 사항이 무엇보다 중요하다고 생각된다.

**스트레스에 대하여
적절한 휴양이 필요**

- 그러나 stresser의 질이나 지속을 고려하고 연령 등의 생체의 조건을 고려하여
- 휴양의 시간도 적절히 설정하는 것이 중요
- 영양의 보급만이 아니고 규칙적인 식사의 섭취도 중요

그림 7.22 스트레스의 과학으로부터 본 휴양과 건강의 요약

감사의 글: 본 원고에 서술한 실험 결과 등은 久留米大學 醫學部 藥理學教室에 재직했던 저자와의 공동 연구에 의한 것이며 여기에 마음으로부터의 감사의 뜻을 전한다.

[문헌]

1) 田中正敏: ストレスそのとき脳は?, 76, 講談社(1987)

2) Tanaka, M., Kohno, Y., Nakagawa, R., Ida, Y., Iimori, K., Hoaki, Y., Tsuda, A. and Nagasaki, N.: Time‑related differences in noradrenaline turnover in rat brain regions by stress. *Pharmacol. Biochem. Behav.* 16, 315(1982)

3) Tanaka, M., Kohno, Y., Nakagawa, R., Ida, Y., Iimori, K., Hoaki, Y., Tsuda, A. and Nagasaki, N.: Naloxone enhances stress‑induced increases in noradrenaline turnover in specific brain regions in rats. *Life Sci.*, 30, 1663(1982)

4) Tanaka, M., Kohno, Y., Tsuda, A., Ida, Y., Iimori, K., Hoaki, Y., and Nagasaki, N.: Differential effects of morphine on noradrenaline release in brain regions of stressed and non‑stressed rats. *Brain Res.*, 275, 105(1983)

5) Tanaka, M., Kohno, Y., Nakagawa, R., Ida, Y., Takeda, S., Nagasaki, N. and Noda, Y.: Regional characteristics of stress‑induced increases in brain noradrenaline release in rats. *Pharmacol. Biochem. Behav.*, 19, 543(1983)

6) Ida, Y., Tanaka, M., Tsuda, A., Kohno, Y., Hoaki, Y., Nakagawa, R., Iimori, K. and Nagasaki, N.: Recovery of stress‑induced increases in noradrenaline turnover is delayed in specific brain regions of old rats. *Life Sci.*, 34, 2357(1984)

7) Iimori, K., Tanaka, M., Kohno, Y., Ida, Y., Nakagawa, R., Hoaki, Y., Tsuda, A. and Nagasaki, N.: Psychological stress enhances noradrenaline turnover in specific brain regions in rats. *Pharmacol. Biochem. Behav.*, 16, 637(1982)

8) Tsuda, A. and Tanaka, M.: Differential changes in noradrenaline

turnover in specific regions of rat brain produced by controllable and uncontrollable shocks. *Behav. Neurosci.*, 99, 802(1985)

9) Tsuda. A., Ida, Y., Satoh, H., Tsujimaru, S. and Tanaka, M.: Stressor predictability and rat brain noradrenaline metabolism. *Pharmacol. Biochem Behav.*, 32, 569(1989)

10) Tanaka, M., Ida, Y., Tsuda, A. and Nagasaki, N.: Involvement of brain noradrenaline and opioid peptides in emotional changes induced by stress in rats. In: Emotions: Neuronal and Chemical Control (Ed. Oomura, Y.), 417(1986). Japan Sci. Soc. and Karger, Tokyo and Amsterdam.

11) Ida, Y., Tanaka, M., Tsuda, A., Tujimaru S. and Nagasaki, N.: Attenuating effect of diazepam on stress−induced increase in noradrenaline turnover in specific brain regions of rats: Antagonism by Ro 15−1788. *Life Sci.*, 37, 2491(1985)

12) Nishimura, H., Tsuda, A., Ida, Y. and Tanaka, M.: The modified forced−swim−test in rats: Influence of rope or straw−suspension on climbing behavior. *Physiol. Behav.*, 43, 665(1988)

13) Nishimura, H., Ida, Y., Tsuda, A. Tanaka, M.: Opposite effects of diazepam and β−CCE on immobility and straw−climbing behavior of rats in a modified forced−swim test. *Pharmacol. Biochem. Behav.*, 33, 227(1989)

14) Tanaka, M., Tsuda, A., Yokoo, H., Yoshida, M., Ida, Y. and Nishimura, H.: Involvement of brain noradrenaline system in emotional changes caused by stress in rats. Annal. New York Acad, Sci., 597, 159(1990)

15) 田中正敏: ストレスと不安の神経化學 ― 特に脳內noradrenalineの 動態 ―. 自律神経, 29, 199(1992)

16) 田中正敏, 吉田眞美, 横尾秀康, 津田彰, 西村浩: 不安と脳內ノル
アドレナリン神経系. 臨床精神医學, 21, 585(1992)

17) Selye, H.: Stress and Distress. 36(1974), J. B. Lippin－cott-
(Philadelphia)

18) Yokoo, H., Tanaka, M., Tanaka, T. and Tsuda, A.: Stress－
induced increases in noradrenaline release in the rat
hypothalamus assessed by intracranial microdialysis.
Experientia, 48, 290(1990)

19) Tanaka, T., Yokoo, H., Mizoguchi, K., Yoshida, M., Tsuda, A.
and Tanaka, M.: Noradrenaline release in the rat amygdala is
increased by stress: studied with intracerebral microdialysis.
Brain Res., 544, 174(1991)

20) Tanaka, M., Tsuda, A., Yokoo, H., Yoshida, M., Mizoguchi, K.
and Shimizu, T.: Psychological stress－induced increases in
noradrenaline release in rat brain regions are attenuated by
diazepam, but not by morphine. *Pharmacol. Biochem. Behav.*,
39, 191(1991)

21) 田中正敏, 末吉圭子, 津田彰, 横尾秀康, 権藤雄二, 松口直成, 吉
田眞美: 抗不安藥の藥理作用に關する神経化學的研究 — 情動ス
トレスによる脳內ノルアドレナリン代謝の變化との關連性 —.
精神藥療基金研究年報, 21, 83(1990)

22) Tsuda, A., Tanaka, M. and Nishikawa, T.: Effects of coping
behavior on gastric lesions in rats as a function of the
complexity of coping. *Physiol Behav.*, 30, 805(1983)

23) Tsuda, A., Tanaka, M., Ida, Y., Shirao, I., Gondoh, Y., Oguchi,
M. and Yoshida, M.: Expression of aggression attenuates
stress－induced increases in rat brain noradrenaline turnover.
Brain Res., 474, 174(1988)

24) Tanaka, T., Yoshida, M., Yokoo, H., Tomita, M. and Tanaka,

M.: Expression of aggression attenuates both stress－induced gastric ulcer formation and increases in noradrenaline release in the rat amygdala assessed by intracerebral microdialysis. *Pharmacol. Biochem. Behav.*, 59, 27(1998)

25) Ida, Y., Tanaka, M., Kohno, Y., Nakagawa, R., Iimori, K., Tsuda, A., Hoaki, Y. and Nagasaki, N.: Effects of age and stress on regional noradrenaline metabolism in the rat brain. *Neurobiol. Aging*, 3, 233(1982)

26) Paré, W. P. and Houser, V. P.: Activity and food－restriction effects on gastric glandular lesions in the rat: The activity－stress ulcer. *Bull. Psychon. Soc.*, 2, 213(1973)

27) Tsuda, A., Tanaka, M., Kohno, Y., Nishikawa, T., Iimori, K., Nakagawa, R., Hoaki, Y., Ida, Y. and Nagasakai, N.: Marked enhancement of noradrenaline turnover, in extensive brain regions after activity－stress in rats. *Physiol. Behav.*, 29, 337(1982)

28) Tsuda, A., Tanaka, M., Kohno, Y., Ida, Y., Hoaki, Y., Iimori, K., Nakagawa, R., Nishikawa, T. and Nagasaki, N.: Daily increases in noradrenaline turnover in brain regions of activity－stressed rats. *Pharmacol. Biochem. Behav.*, 19, 393(1983)

29) Tsuda, A., Tanaka, M., Iimori, K., Ida, Y. and Nagasaki, N.: Effects of divided feeding on activity－stress ulcer and the thymus weight in the rat. *Physiol Behav.*, 27, 349(1981)

30) Hirao, M., Tanaka, M., Emoto, H., Ishii, H., Yokoo, H., Yoshida, M. and Tsuda, A.: Recovery from activity－stress ulcer by ad lib feeding in rats. *Physiol. Behav.*, 63, 85(1998)

31) Shimizu, T., Tanaka, M., Yokoo, H., Gondoh, Y., Mizoguchi, K., Matsuguchi, N. and Tsuda, A.: Differential changes in rat brain noradrenaline turnover produced by continuous and

intermittent restraint stress. *Pharmacol. Biochem. Behav.*, 49, 905(1994)

찾아보기

안정엽

■ 약 력
　일본 名古屋大學
　UC Davis 영양학과
　국립보선원 득수질환부
　한림대학교 연구조교수
　(주)생그린 기술연구소

■ 주요연구 주제
　우유단백질, 식품알레르기, 항산화, 화장품 바이오 소재

영양과 운동 그리고 휴양

초판인쇄 | 2009년 11월 23일
초판발행 | 2009년 11월 23일

옮긴이 | 안정엽
펴낸이 | 채종준
펴낸곳 | 한국학술정보㈜
주 소 | 경기도 파주시 교하읍 문발리 파주출판문화정보산업단지 513-5
전 화 | 031) 908-3181(대표)
팩 스 | 031) 908-3189
홈페이지 | http://www.kstudy.com
E-mail | 출판사업부 publish@kstudy.com
등 록 | 제일산-115호(2000. 6. 19)

ISBN　978-89-268-0433-9 93590 (Paper Book)
　　　　978-89-268-0434-6 98590 (e-Book)

내일을여는지식 은 시대와 시대의 지식을 이어 갑니다.